実用理工学入門講座

機械システムの 運動・振動入門

関東学院大学 教授 博 (工) 小松 督 著

日 新 出 版

まえがき

　機械システムを設計・製作するうえで重要なことは，動作中に破壊したり性能が劣化したりしないシステムを作ることである．そのため，いわゆる機械工学の「4 力」と呼ばれる，材料力学，熱力学，水力学，そして機械力学を，機械工学を勉強する学生にとっての基礎科目と位置付けて，十分に理解して修得することが求められている．

　機械力学の歴史は古く，しかも，その中心を占める振動分野の基本的な知識はすでに確立されたものであるので，21 世紀の学生にとっても，同じ内容が提供される．一方，対象とする機械システムは，日々進化しており，特に，昨今の大きな変化は，コンピュータが組み込まれたメカトロシステムになったということであろう．また，設計・解析作業にもコンピュータが導入され，いわゆる CAE（Computer Aided Engineering）によって，詳細かつ正確な検討ができるようもなった．そのため，最近の学生は機械は破壊や性能劣化しないのが当たり前ととらえ，機械力学の重要性が，逆に，なかなか体験できない環境にあることも事実であろう．さらに，高校での学習の多様化から，数学や物理を十分に学習していない生徒も，機械作りをしたいということで入学してくる状況も出てきた．

　このように，機械力学を取り巻く環境は大きく変化し続けており，その時々の状況に対応する教科書を常に出し続けていく必要はあると考える．このような現状を踏まえて，本書は，これから新しい機械システムを作り出していこうと考えている学生に対して，基礎科目である機械力学を勉強して，その思いに役立つように，項目と内容をセレクトした．本書では，基礎知識の修得に最重点を置いている．このとき，特に，機械力学では数学や物理の知識がとても大切である．しかし，本書は機械システムで生じている現象との関係性を意識しながら，学習することを目指しているので，従来，陥りがちだった，ひたすら式の展開に明け暮れることだけは，今の段階では避けたいと考えている．その

ため，必要に応じて，章の中身を概要と実践に分けている．この中で，概要では詳しい説明は極力避け，まずは理解しておいてほしい内容の提示に限定した．一方，実践では数式も使った詳しい記述をして，必要な学生に対して，深く勉強できるようにした．講義においては，必要に応じて使い分けていただきたい．

　本書の構成は，機械の運動を数式を使って解析するための方法を学ぶ機械運動編（1〜2章），機械システムの構造を有限個の質点・ばねの構成のモデルで考える集中質量モデル振動編（3〜4章），対象の構造を厳密にとらえて，振動の特徴の見通しを立てやすくする分布質量モデル振動編（5章），特に実際の機械システムで発生する重要な振動現象を扱った実用編（6〜7章），そして，最近の特徴であるコンピュータを使った振動の解析や，ロボットなどで，同じ振動現象である音声や画像データを積極的に利用していることを反映した，ディジタル信号処理編（8章）となっている．

　以上のことから，大学や工業高等専門学校で機械力学についてこれから学ぼうとする学生に対する入門書となるよう，次のことを考慮して本書を執筆した．①概要と実践の2本立てとした章を設けて，いろいろなレベルでの勉強が可能なようにした．②内容をあえて基本事項だけに絞ることで，全体を見渡しやすくするとともに，より高度な専門書でのさらに深い勉強につながるようにした．③大学のクォーター制に対応できるよう，全体を最小単位の8章立てと工夫し，しかも，一回の講義で，原則その内容が完結するようにした．このことにより，各制度に応じて必要な回数を選択したり拡張したりできる．

　本書を通して，数多くの学生が機械力学の重要性，必要性を知り，新しい機械システムをどんどん世の中に出していこう，という情熱を強く持つことに貢献できれば幸いである．

平成30年10月

小　松　督

目次

第5章　分布質量モデル

第6章　自励振動と安定性解析

第7章　回転機械の振動

第8章　振動データのディジタル信号処理

第1章　運動の基礎

　本章では，機械システムの運動を数式で記述し，解析するための基礎知識を説明する．数式は世界共通の言葉であり，ボーダレスの現代において，世界の技術者と情報共有するために，使いこなせるようにすることが大切である．

【このポイントを押えよう】
　○運動と数式を結びつけるための基本的なルールについて知ろう.
　○機械システムの運動に関係する物理法則について知ろう.

1·1　運動の記述と自由落下

　機械システムといっても，自動車や飛行機などの乗り物，ロボットや自動機械などのメカトロ機器，そしてタービンやポンプなどの流体機械など，実に多くの種類がある．したがって，それぞれが形も違えば動きも違うので，その様子を式で表すといっても，非常に複雑なものになるのではないか，という不安が生じるであろう．

　しかし，機械システムのほとんどは，第2章で説明するたった3つのニュートンの法則によって，その動きが成り立っているに過ぎない．これは，運動に対する見方を適切に選ぶことによって，複雑な動きもきれいに整理されて，理解しやすい形になることを意味している．

1·1·1　座　　標

(1) 位置情報の数値化

　運動を式で表すということは，具体的には動きを数字に置き換えることである．そのために導入されたのが，**座標**（coordinates）という考え方である．動きとは，時々刻々のその機械の居場所の変化と見ることができる．

　そこで，まず居場所を数字データで表すことが必要となってくる．今では **GPS**（global positioning system）によって，居場所を正確に地図上に示すことができるのも，数字データで表されているからである．

　この時に利用するのが，座標と**座標系**（coordinate system）である．座標とは，ある基準点からの，その機械がいる場所をあらわす何らかの数字である．例えば，基準点からの距離を測って，100［m］離れていれば，この 100 という数字が座標の 1 つとなる．また，水平線からその機械を見上げたときの角度が 60［deg］であれば，この 60 という数字も，また座標の 1 つとなる．

　このように，座標の候補としてはいろいろ考えられるが，もっとも広く使われているのは，基準点からの距離を利用する方法である．そして，できるだけその数字の種類を少なくすることも，また式を複雑にしないためには重要なことである．

　そこで，空間内で縦・横・高さの方向に沿って測った，基準点からの距離を使えば，機械がいる位置を 3 つの数字で表すことが可能となる．このような座標を**直交座標**（rectangular coordinates）と呼んでいる．これは，縦・横・高さ方向を，お互いが直交するようにとるときの座標である．

　この座標を使うため，距離を測る方向を，それぞれ矢印で表し，基準点を原点として o，縦方向を x，横方向を y，高さ方向を z にとったものを，直交座標系と呼び，**図 1・1** のように示される．各矢印は，x 軸，y 軸，z 軸と呼ばれる．

　この座標系で計測して，例えば，ある機械の位置が，縦・横・高さ方向に対して，x_1, y_1, z_1

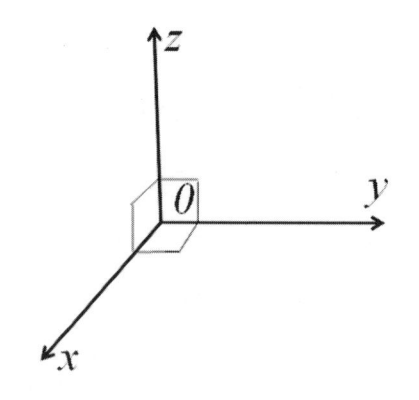

図 1・1　直交座標系 $o-xyz$

という距離で得られたとする．このデータは，以下のように**ベクトル**（vector）の形で表される．

$$\vec{A} = (x_1, y_1, z_1) \tag{1・1}$$

ベクトルであるので方向も必要となるが，図1・1の各矢印の方向を＋，反対方向を－をつけて表す．例えば，つぎのように表される．

$$\vec{B} = (-x_2, y_2, -z_2) \tag{1・2}$$

(2) 姿勢情報の数値化

機械は点ではなく，大きさがあるので，位置が動かなくてもその場所でいろいろな方向に姿勢を変えることができる．したがって，機械の状態を数字で表す時，位置情報だけでは不十分で，姿勢の情報も数値化する必要がある．

姿勢の数値化のための座標や座標系にも，さまざまな方法が考えられているが，一つの例として，乗り物などによく使われる，**ロール・ピッチ・ヨー**について説明する．

姿勢は，ある回転軸回りの**回転角**（angle of rotation）で表すことができるので，この軸をどのように選ぶかで，さまざまな座標系が考えられている．もっともわかりやすいのは，図 1・1 で設定された x ， y ， z 軸をそのまま回転軸として使う方法である．

そこで，乗り物の進行方向を x 軸，横方向を y 軸，垂直上方を z 軸として，x 軸回りの回転角をロール角といい α で，y 軸回りの回転角をピッチ角といい β で，z 軸回りの回転角をヨー角といい γ で表す．また，xyz 軸をそれぞれロール軸，ピッチ軸，ヨー軸と呼んで

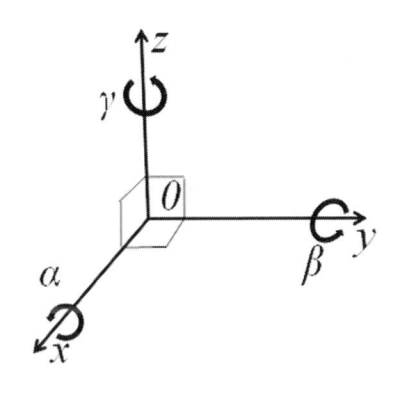

図 1・2 ロール・ピッチ・ヨー座標系

いる.

　図 1・2 にロール・ピッチ・ヨー座標系を示す. この座標系は乗り物に固定して設置されるので, 乗り物といっしょに動く. 角度は基準姿勢からどの程度回転したかを測るが, 回転する軸の順番をあらかじめ決めておく必要がある. 例えば, まず z 軸回りに xyz 座標を回転させて, つぎに回転した後の xyz 座標での y 軸回り, さらに回転した xyz 座標での x 軸回りの回転角を測る.

　これは, 乗り物に取り付けた姿勢センサのデータ値と方向が一対一に対応しているので, 数値データが得られやすいが, 地面を規準にしてどの程度回転したのか, という絶対データを知るためには, 座標の換算計算が必要となるので, 注意しなければならない.

(3) 座標系の設置方法

　座標系の設置方法について説明する. 座標系はどこでも設置できるが, 基本的には, 地面等に設置する場合が多い. つまり, 動かないベースの部分に設置する. その時, 垂直上方を z 軸に, 地面内に x 軸と y 軸を設定する. 各軸方向は, **右ねじの法則**（screw law）で配置され, x 軸から y 軸, y 軸から z 軸, z 軸から x 軸に向かってねじを締めると, z , $x,$ y 軸方向にねじが進むように設置されることから, そのような名前がついている.

　姿勢の場合も, 回転の方向にねじを回すと, それぞれ x 軸, y 軸, z 軸のプラスの方向にねじが進む. 原点の場所としては, 動作のスタート地点を選ぶ場合が多い. 往復運動の場合は振幅の中心になる.

　ベースに設置された座標系を**慣性座標系**（ inertial reference system ）または絶対座標系と呼び, 機械運動を数式で表す場合の基本座標系となっている.

　一方, 最近の機械には, 機械の状態を知るためにさまざまなセンサが取り付けられている. 特にメカトロ機器では, アクチュエータの動いた量を知るための, 変位センサや角度センサが使われている. このようなセンサのデータは, 取り付けられている部分の, いわば局所的な動きを測っているので, このようなデータを扱う時に, 慣性座標系から見ると, センシングの方向と**座標軸**（ coordinate axis ）の方向が一対一に対応していない場合が多い.

　そこで，座標系をセンサの取り付いている場所に設置し，センサデータと座標値を一対一に対応させれば，データが扱やすくなる．

　このように設置した座標系を，**局所座標系**（ local coordinates system ）と呼ぶ．例えば，**図 1・3** は，ロボットの関節に設置した局所座標系で，x 軸は左側のリンク長手方向を向いている．z 軸が関節回転軸と一致している．この座標系は，右側のリンクの回転運動を測るものであるが，左側のリンクの関節に設置されているので，左側のリンクが動くと，この座標系もいっしょに動くことになる．

　このように，一つの機械システムに対して，複数の座標系が設定される．しかし，他の座標系へのデータの変換は，幾何学的関係にもとづいた変換計算が必要となる．

　先の，局所座標系で得られたセンサデータは，最終的には慣性座標系のデータに変換され，運動方程式に組み込まれる．

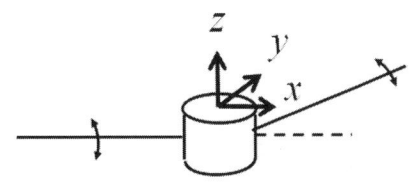

図 1・3　関節固定の局所座標系

1・1・2　位置・速度・加速度

　さて，位置情報（ 姿勢は省略する ）は数値化できた．これの時間変化を調べれば，機械の動きを数字で表すことができる．しかし，日常経験することであるが，動きの速いものもあれば，ゆっくりしたものもあり，動きの特徴は千差万別である．

　そこで，単に位置情報だけで動きを表すのではなく，このような特徴も一目でわかる数値データもほしい．そのために動きの時間変化率も導入する．

　ここで導入するのは，**速度**（velocity）と**加速度**（acceleration）である．加加速度も考えられるが，機械の運動ではあまり重要ではない．

　速度の計算は，簡単に言えば，以下の式でおこなわれる．

$$（\text{速度}）=（\text{移動した距離}）/（\text{かかった時間}）\qquad（1\cdot3）$$

　しかし，これは平均速度である．そこで，（かかった時間）の間隔をできるだけ小さくして，限りなくゼロに近づけると，瞬間の速度となる．これを数学的に表すと，微分を用いてつぎのように書かれる．ただし，簡単のために動きは一方向だけとする．

$$v(t) = \frac{dx(t)}{dt}\qquad（1\cdot4）$$

ここで，$v(t)$ は時刻 t での速度，$x(t)$ は時刻 t での位置を表す．

　同様に，加速度は，

$$a(t) = \frac{dv(t)}{dt}$$

$$= \frac{d^2x(t)}{dt^2}\qquad（1\cdot5）$$

と書かれる．ここで，$a(t)$ は時刻 t での加速度である．

　このように，位置から出発して，速度，加速度の間には，時間微分の関係がある．したがって，逆に加速度から出発すると，速度，位置の間には時間積分の関係がある．

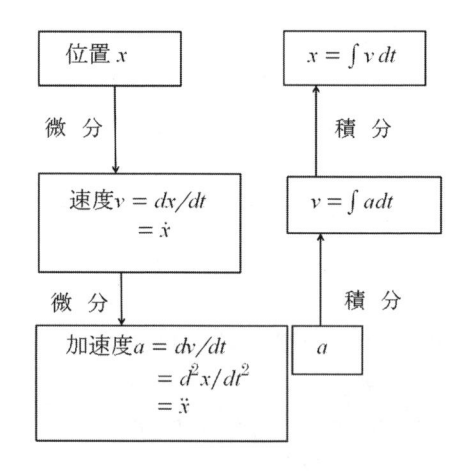

図 1・4　位置・速度・加速度の関係

　これを図にまとめると，**図 1・4** のように示すことができる．この関係を使って，３つのパラメータを簡単に求めることができる．

　ここで，微分の書き方は図 1・4 の中の分数形式が一般的であるが，複雑であるので，単純に（・）の記号で時間微分を表す表記法もよく使われる．

　位置・速度・加速度は，ある座標系を基準として定義されるので，これらを使う時には，どの座標系で考えているのかを意識することが必要となる．

　慣性座標系なら，絶対位置・絶対速度・絶対加速度である．動いているものに設置された局所座標系なら，局所位置・局所速度・局所加速度である．

　例をあげて説明する．今，一方向の運動の例として，電車の中を歩いている人の運動を考える．電車の床に局所座標系を設置して，電車の進行方向を x 軸方向とする．電車に乗っている人が，後方向に歩いているとする．この座標系で測った速度を $-v_h$ とすると，これは電車の床を基準にした速度であるので，そのことを表すために，$-v_h$（人／電車）と表す．

　一方，ホームに立っている人がこの電車の中の様子を見ていて，車両の後ろのほうに歩いている人の動きを見た場合，この人の速度はどうなるであろうか．ホームに立っている人が使う座標は，地面に固定された慣性座標系であるから，そのままの速度とはならない．電車の進行方向を慣性座標系の X 軸の方向とする．すると，以下の式のように表される．

$$V_h（人／地面）= V_t（電車／地面）+ \{-v_h（人／電車）\} \qquad (1 \cdot 6)$$

つまり，地面から見た，電車の床の局所座標系の動きを加える必要がある．ここで，電車の速度を，動き始めであるので，4［km/h］，人の歩行速度も床に対して4［km/h］とすると，上式に代入して，以下の数字を得る．

$$V_h（人／地面）= 4［km/h］+(-4［km/h］)$$
$$= 0［km/h］$$

歩く速度と電車の速度が，大きさが同じで向きが逆であると，プラットフォームの人には，電車の床がルームランナーのようになり，その上を乗客が一生懸命，電車後方の向きで歩いているように見えて，いつまでも同じ位置にとどまっているように見える．これは，日常よく経験することである．

　したがって，物体の運動の様子を表すパラメータを使う時は，どの座標系から見たものかということを，常に気を付けておかないと，まったく違った動きを表してしまうことになる．

1・1・3 フリーフォール

物体の基本運動として，フリーフォール運動を考えてみる．フリーフォール運動とは，文字通り自由落下運動で一方向運動である．地球上で**重力**（gravity）の影響を受けて，物体が鉛直下方に落ちていく運動である．

今，**図 1・5**のように，スタート地点を原点とし，鉛直上向きをx軸とした慣性座標系を設定する．この原点から，物体は下向きに運動を開始するが，空気抵抗などの影響は考えない．

この運動は，第2章で説明するニュートンの法則により**等加速度運動**（uniformly accelerated motion）になることがわかっていて，その時の加速度 a は**重力加速度**（gravitational acceleration）g である．つまり，

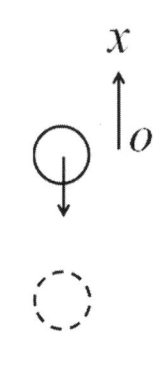

$$a = -g \qquad (1 \cdot 7)$$

となる．g は一般に，9.8 [m/s²] とされる．

図 1・5 自由落下

この運動の特徴をあらわすパラメータを求める．図 1・4の結果を使うと，速度は，つぎのように求まる．

$$v = \int a dt$$

$$= \int (-g) dt = -gt \qquad (1 \cdot 8)$$

また，位置は，つぎのように求まる．

$$x = \int v dt$$

$$= \int (-gt)dt = -\frac{1}{2} \times gt^2 \qquad (1\cdot 9)$$

ただし，初期位置と初期速度はゼロとした.

これにより，フリーフォール運動を数式で表すことができたので，過去・現在・未来の運動状態を知ることができる. つまり，任意の時刻での落下速度や落下距離を把握できるようになった.

さらに，空気抵抗や支柱ガイドレールの摩擦等を考慮して数式でモデル化し，運動を表す数に組み込んで計算することで，より実際のシステムに近づけることができる. すると，遊園地のフリーフォールの動きをより正確に計算することができるので，加速度や速度のデータを設計に役立たせることができる.

1・2　放物線運動

つぎに，もう少し複雑な運動として，平面内の運動を見てみる. 取り上げるのは物体を斜め上方に放出する運動である.

今，図 1・6 のように，物体が水平方向から上方に θ の角度で，速度 v で放出されたとする. また座標を地面に固定して，放出された場所に原点，水平方向に x 軸，垂直上方に y 軸を設定する.

放出された後の物体の運動は，x 軸方向には移動し続け，y 軸方向には，最初は上方にいくが，途中から下降に転じることが推測される.

そこで，物体の運動をこの 2 つの軸方向の運動に分けて考える.

イメージとしては，x 軸方向は上から光を，y 軸方向は右側から光をあてた時，反対側のスクリーンに映

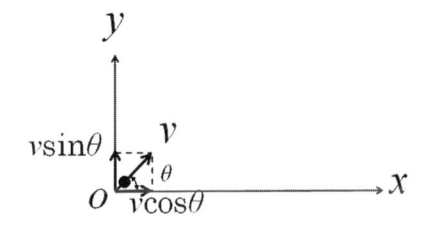

図 1・6　物体の放出運動

る影の運動である.

まず，x 軸方向は，放出後はニュートンの法則により，**等速運動**（ uniform motion ）になることがわかっている．初速度は，v の x 軸方向成分である $v\cos\theta$ であるので，この速度を保ち続ける.

図 1・4 の結果を使うと，位置は，つぎのように求まる.

$$x = \int v \cos \theta dt = vt \cos \theta \qquad (1 \cdot 10)$$

ただし，空気抵抗は省略している.

一方，y 軸方向は $-g$ の等加速度運動になることがわかっているので，図 1・4 の結果を使うと，速度は，つぎのように求まる.

$$v_y = \int a dt$$

$$= \int (-g)dt = -gt + v\sin\theta \qquad (1 \cdot 11)$$

ただし，今度は初速度 $v\sin\theta$ がある.

また，位置はつぎのように求まる.

$$y = \int (-gt + v \sin \theta)dt$$

$$= -\frac{1}{2}gt^2 + vt \sin \theta \qquad (1 \cdot 12)$$

したがって，放出後の位置や速度は上式より計算される.

しかし，このままでは，運動の様子がよくわからないので，両方向の運動を合成する．式 (1・10) より，

$$t = \frac{x}{v \cos \theta} \qquad (1 \cdot 13)$$

であるから，これを式 (1・12) に代入して，t を消去すると，

$$y = x \tan\theta - \frac{gx^2}{2v^2 \cos^2\theta} \qquad (1 \cdot 14)$$

が得られる.

　この式は, x についての2次方程式の形であるから, このグラフを描くと, 上に凸の放物線となる. したがって, 物体を放出した後の運動は, **放物線運動** (parabolic motion) となる.

　式 (1・14) で, $y=0$ とすると,

$$x\left(\tan\theta - \frac{g}{2v^2\cos^2\theta}x\right) = 0 \tag{1・15}$$

となり, $x=0$ と,

$$x = \frac{2v^2\sin\theta\cos\theta}{g} = \frac{v^2\sin 2\theta}{g} \tag{1・16}$$

が得られる.

　この結果は, 物体が地面に位置するときの, x の位置を表していて, ひとつは放出時である.

　一方, 落下後を示しているのが, 式 (1・16) であり, θ の値で変化している. ここで, θ が 45 [deg] のとき x が最大となる. つまり, 物体をもっとも遠くへ放り投げるには, 45 [deg] の角度で放出すればよいことがわかる.

　この結果は, 例えば, 球技でボールをできるだけ遠くへ飛ばす時に, 参考になりそうである.

　ちなみに, 最高到達点は,

$$y = \frac{v^2\sin^2\theta}{2g} \qquad \left(x = \frac{v^2\sin 2\theta}{2g}\text{のとき}\right) \tag{1・17}$$

である.

1・3　力学的エネルギーと運動量

　物体の運動を表す状態量として, 力学的エネルギーと運動量もよく使われるので, それについても説明する.

1・3・1　力学的エネルギー─保存の法則

エネルギー（energy）という言葉で，日常的に使われるものは熱エネルギーであるが，機械の運動においては，**力学的エネルギー**（mechanical energy）が重要である.

力学的エネルギーは，**運動エネルギー**（kinetic energy），**位置エネルギー**（potential energy），**弾性エネルギー**（elastic energy）で構成される.

運動エネルギーは，物体が運動することで保有するエネルギーのことであり，

$$\left(\text{運動エネルギー } T\right) = \frac{1}{2} \times \left(\text{質量}\right) \times \left(\text{絶対速度}\right)^2$$

$$= \frac{1}{2}mv^2 \tag{1・18}$$

で計算される.

位置エネルギーは，物体が基準面より高い位置にあることで保有するエネルギーであり，

$$\left(\text{位置エネルギー } P\right) = \left(\text{質量}\right) \times \left(\text{重力加速度}\right) \times \left(\text{基準面からの高さ}\right)$$

$$= mgh \tag{1・19}$$

で計算される.

弾性エネルギーは，ばねなどの弾性体が，変形したときに保有するエネルギーであり，

$$\left(\text{弾性エネルギー } E\right) = \frac{1}{2} \times \left(\text{ばね定数}\right) \times \left(\text{ばねの伸び縮み量}\right)^2$$

$$= \frac{1}{2}kx^2 \tag{1・20}$$

で計算される.

なお，位置エネルギーや弾性エネルギーを合わせて**ポテンシャルエネルギー**（potential energy）ともいう.

つぎに，機械システムに対して，**保存力**（conservative force）のみが働いている場合を考える．ここで，保存力とは，その力がなす仕事が途中の経路に関

係なく，始点と終点の位置のみで決まるような力のことで，重力やばね力など
がある．これ以外の力を**非保存力**（nonconservative force）といい摩擦力など
がある．

　保存力のみが働くとき，あるいは非保存力が働いていてもその力のする仕事
がゼロのとき，つぎの力学的エネルギーが，運動中，常に一定に保たれる，**力
学的エネルギー保存の法則**（law of conservation of mechanical energy）と
いう物理法則が成り立つ．

　（系の力学的エネルギー K ）

　　　＝（系の運動エネルギー）＋（系のポテンシャルエネルギー）

　　　＝（運動エネルギー）＋（位置エネルギー）＋（弾性エネルギー）

　　　＝一定値　　　　　　　　　　　　　　　　　　　　　　　　（1・21）

つまり，スタート時の力学的エネルギー量が計算されると，その値が運動中，
常に同じ値になっているので，いろいろな時刻での運動の状態がこの式からも
計算できる．

　例えば，ジェットコースターの場合，弾性部分がないとすると，力学的エネ
ルギー保存則は，

　　　（力学的エネルギー）＝（運動エネルギー）＋（位置エネルギー）

　　　　　　　　　　　　＝一定値　　　　　　　　　　　　　　　（1・22）

となる．したがって，スタート後，下降し始めると，位置エネルギーが減少し
ていき，逆に，運動エネルギーが増加して速度が増す．その後，つぎの山に登
るにつれて位置エネルギーが，また増加してくるので，運動エネルギーは減少
し速度が遅くなる．

　これより，各位置でのジェットコースターの運動状態が計算できるので，ジ
ェットコースターの設計のための参考データとなる．ただし，レールの摩擦や
空気抵抗は省略している．

　【例題1・1】スタート地点の高さが 50［m］のジェットコースターが，この
高さを下降し終わった後，速度はどのくらいになっているか求めよ．ただし，
スタート時は速度ゼロとし，走行中の空気抵抗やガイドレール等の摩擦は無視

する.

[解答] スタート時の力学的エネルギーと，下降後の力学的エネルギーが等しいことから，

$$m \times g \times 50\,[\,\mathrm{m}\,] = \frac{1}{2} \times mv^2$$

よって，速度 v は，

$$v = \sqrt{2 \times g \times 50\,[\,\mathrm{m}\,]} = \sqrt{2 \times 9.8\,[\,\mathrm{m/s^2}\,] \times 50\,[\,\mathrm{m}\,]} = 31\,[\,\mathrm{m/s}\,]$$

となる.

1・3・2 運動量保存の法則

つぎに，もう一つの状態量として，**運動量**（ momentum ）を説明する. 運動量は，まず，並進運動に対して，

$$(\text{運動量}) = (\text{質量}) \times (\text{絶対速度}) \tag{1・23}$$

で計算される物理量である. 速度がベクトルであるので，運動量もベクトルである.

また，回転運動に対しては，**角運動量**（ angular momentum ）が定義され，

$$(\text{角運動量}) = (\text{慣性モーメント}) \times (\text{絶対回転速度}) \tag{1・24}$$

で計算される.

以上は，着目している物体一つ一つに定義される量である. 複数の物体をひとくくりの系とみなす場合，各物体の運動量をすべて加えたものが，系の全運動量となる.

考えている系の運動に対して，外部から働いている力を無視できる状況，例えば，重力下の運動でも重力の影響を無視できるような状況では，つぎのような並進運動に関する**運動量保存の法則**（ law of conservation of momentum ）と，回転運動に関する**角運動量保存の法則**（ law of conservation of angular momentum ）が成り立つ.

$$\text{各状態での系の運動量} = \text{一定値} \tag{1・25}$$

$$\text{各状態での系の角運動量} = \text{一定値} \tag{1・26}$$

この法則によっても，物体のさまざまな運動状態を計算することができる.

　このような単純な物理法則でも，実際に機械システムに適用されている．例えば，ロケットの飛行において，燃料を噴射する前の，燃料タンク内の燃料とロケット本体の運動量の合計を計算する．一方，燃料噴射後の噴射された燃料と，タンクが空になったロケット本体の運動量の合計を計算する．

　運動量保存則より，2つの値は等しいので，その関係から噴射によってロケットがどれだけ増速したかを知ることができる．

　このような検討は，ロケットの設計においておこなわれている．

　【例題 1・2】発射台に取り付けられたロケットが発射された後，タンクの燃料を使い切ると，どのくらいの速度に達することができるかを求めよ．

　ただし，ロケット本体だけ(燃料を除いた部分)の質量を $250\,[\mathrm{kg}]$，タンク内の燃料の質量を $750\,[\mathrm{kg}]$，燃焼ガスの噴射の絶対速度を $3{,}000\,[\mathrm{m/s}]$ で一定とし，飛行中の空気抵抗は無視する．また，燃焼は瞬時に起こったものとする．

　[解答]　発射台上でのロケットの全運動量と，燃焼後のロケットと燃焼ガスを合わせた系の全運動量が等しいことから，

（ 発射台上のロケットの全運動量 ）＝（ 飛行中のロケット本体の運動量 ）
＋（ 燃焼ガスの運動量 ）

である．

（ 発射台上のロケットの全運動量 ）は，速度がゼロであるからゼロである．

　一方，ロケットの飛行の方向を＋とすると，燃焼ガスの絶対速度方向は－であるから，

（飛行中の ロケット本体の運動量 ）＝ $250\,[\mathrm{kg}] \times v$
（ 燃焼ガスの運動量 ）＝ $750\,[\mathrm{kg}] \times (-3{,}000\,[\mathrm{m/s}])$

と計算される．

　よって，ロケットの到達速度は，$v = 9{,}000\,[\mathrm{m/s}]$ と計算される．ただし，実際は，燃焼は瞬時にはおこらないので，この値よりももっと遅くなる．そして，1段だけでは地球を回る速度には到達しないので，2段以上の多段式ロケットを構成する必要がある．

【EPISODE】

　遊園地のアトラクションは，単純な運動で構成されているが，人々，特に子供たちを楽しませるものが多い．たとえ単純な運動でも，普段は経験しないような，加速度や重力，遠心力などの値の大きな変化が体に加わると，その情報が脳を刺激するためである．

演 習 問 題 1

【1・1】 座標系には，直交座標系のほかにどのようなものがあるか，調べてみよう.

【1・2】 **図 1・7** の電車に対して，地面に対する絶対座標系 $O{-}XYZ$ と，電車の床に対する局所座標系 $o{-}xyz$ を設定せよ. ただし，右方向（進行方向）を X 座標と x 座標とする.

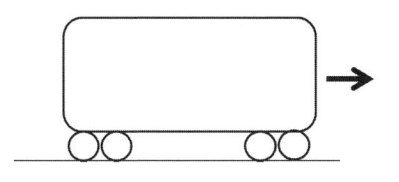

図 1・7

【1・3】 演習問題 1・2 において，時速 4[km]で X 軸方向に走っている電車の中で，人が x 軸方向に，床に対して時速 4[km]で歩いた場合，ホーム上の人には，電車の中の人の動きは，どのように見えるであろうか.

【1・4】 フリーフォールで落下し始めて，3 秒後の落下速度と，落下距離を求めよ. ただし，空気抵抗やガイドレールの摩擦は無視する.

【1・5】 高さ 40[m] のスキーのジャンプ台からスタートした選手は，踏み切り時に，どのくらいのスピードに達しているか求めよ. ただし，空気抵抗や摩擦は無視する.

【1・6】 演習問題 1・5 において，滞空時間が 4 秒だった時，水平方向の飛距離はどのくらいになるか求めよ. ただし，水平方向に踏み切り，空気抵抗は無視する.

【1・7】 人工衛星がロケットから，姿勢安定のため 12[rad/s] の回転速度で，宇宙空間に放出された. その後，運用時の 6[rad/s] まで回転速度を落とすためには，衛星の慣性モーメントをどのくらいに変更すればよいか. ただし，放出時の衛星の慣性モーメントを 60[kg·m²] とする. 衛星の慣性モーメントを変更するために，衛星から，ワイヤとおもりで構成される 1 対のヨーヨーを，

両腕を伸ばすように広げることがおこなわれ，ヨーヨーデスピンと呼ばれている．広げられた両おもりまでのサイズに，衛星の形状が拡大されたとみなすことができる．

第2章 システムモデル

第1章では，運動を式で表すためのルール事項について学んだ．本章では，機械システムの運動を表現した基本数式である運動方程式について，その意味と導出方法を学ぶことにする．

【このポイントを押えよう】
　○運動方程式の意味と使い方について理解しよう．
　○運動方程式を効率よく，正確に導出する方法を学ぼう．

2・1 概　　要

ここでは，運動方程式の意味，構造，導出方法，およびなぜ必要なのか，ということついてその概要を説明する．システムが複雑になるにつれて，式の構造も，導出のための計算も複雑になるが，まずはここで運動方程式のイメージを頭に入れてほしい．

2・1・1 運動方程式とは

運動方程式（equation of motion）は，物体の運動時に，物体に働いているさまざまな力のつり合い式であり，物体の運動状態がいわば，数式という言葉で表現されたものである．並進運動について見てみると，もともとは運動に関するニュートンの2番目の法則，

「物体に受ける力と，発生する加速度は比例関係にある」

という言葉での表現を，数式で表したものである．

つまり，

$$（\text{比例定数}）\times（\text{加速度}）=（\text{物体に働く力}） \qquad (2・1)$$

となる.

　ここで,（比例定数）は具体的には（物体の質量）であるので,式 (2・1) を書きなおすと,

$$（物体の質量）×（加速度）=（物体に働く力）\qquad (2・2)$$

となる. これが並進の運動方程式の基本形である. どんなに複雑な機械システムの複雑な動きも, まとめていくと式 (2・2) の形になっているので, まずは, この形を覚えてほしい. ここで, 左辺は**慣性力**（inertia force）と呼ばれている.

　実際には,（物体に働く力）については, 対象とする機械システムに応じて, さらにいろいろな種類の力に細かく分類される.

　いくつかの機械システムの運動を, 運動方程式の観点から具体的に眺めてみよう.

　まず, 飛行機の飛行に対しては, 垂直平面内運動に限定すると,

（飛行機の質量）×（加速度）

$$=（重力）+（推進力）+（揚力）+（空気抵抗力）$$

$$(2・3)$$

と表される. これらの力は, 力の働く方向を考慮すると, **図 2・1** のように飛行機に対して働いている.

　つぎに, 自動車ならば水平運動に限定すると,

（自動車の質量）×（加速度）

$$=（推進力）+（空気抵抗力）+（路面摩擦力）\qquad (2・4)$$

となる. 力の働く方向を考慮すると, **図 2・2** のように働いている.

　このように, 働く力が機械システムによって, 異なるのがわかるであろう. この力の部分を詳細に記述すればする

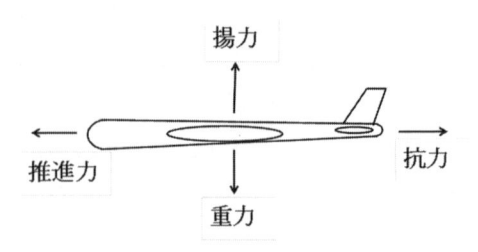

図 2・1　飛行機に働く力

ほど，運動方程式の精度が上が
り，より現実の動きを正確に記
述することになる．

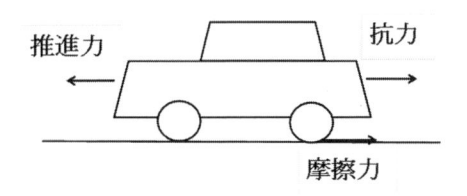

　さて，これらの力を具体的に
運動方程式で記述するためには，
力がベクトルであることから，
図のようにその大きさだけでな
く，働く方向も正確に捉えてお
く必要がある．

図 2・2 車に働く力

2・1・2　運動方程式の導出

　機械システムの運動は，並進と回転の 2 つに大きく分けられる．このうち，並進の運動について広く使われているのが，**ニュートンの運動方程式**（Newton's equation of motion）である．

　ニュートンの運動方程式は，物体が運動している状態に対して，

　（1）働いている力の種類を特定する．

　（2）それぞれの力の大きさを求める．

　（3）働いている方向を考慮して，運動方程式に組み込む．

という作業を順次おこなうことで，導出することができる．

　つまり，式 (2・1) において，左辺では物体の質量と，設定された慣性座標系で表される加速度を具体的に書き表す．

　一方，右辺では物体に働くさまざまな力を一つ一つ求め，加速度の方向と一致する力の成分を具体的に並べていけばよい．

　【例題2・1】おもり（weight）と**ばね**（spring）と**ダンパ**（damper）の各1つずつが，**図2・3**のように組み合わされている運動が 1 方向の 1 自由度振動系を考える．この系に対して，ニュートンの運動方程式を求めよ．

　ただし，m はおもりの質量，k はばねの強さを表す**ばね定数**（spring constant），c はダンパの強さを表す**粘性減衰係数**（viscous damping coefficient）である．また，垂直下方に x 座標を設定する．この座標の原点は

おもりの静的つり合い位置とする.

　[**解答**]　このおもりの振動は, x 軸方向のみに生じるとすると, おもりに働く力は, ばねによる**復元力**（restoring force）としての**ばね力**（spring force）と, ダンパによる**摩擦力**（frictional force）としての**減衰力**（damping force）の2つである.

　したがって, ニュートンの運動方程式の基本形は,

（おもりの質量）×（加速度）
　　　　＝（復元力）+（摩擦力）

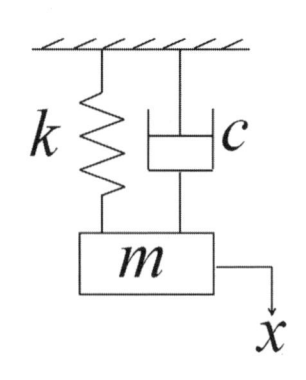

図 2・3　1自由度振動系

となる.

　ここで重力は出てこない. おもりの重力とばね力がちょうど釣り合って静止しているところを, 座標の原点としている. したがって, 重力はばね力とキャンセルしていて, 働いていないのと同じ状態になっているためである.

　基本形を具体的に数式化する. 左辺は,

$$（おもりの質量）×（加速度）=（慣性力）= m \times \ddot{x}$$

である. 一方, 右辺の各力は, 大きさと方向を考えると,

$$（復元力）= -k \times (x - 0)$$
$$（摩擦力）= -c \times (\dot{x} - 0)$$

となる. 復元力は, ばね定数にばねの伸び縮みの量をかけたものが大きさであり, 復元力であるから, x 軸の正方向に伸ばされると負の方向に働くので, 方向を考慮してこのような表現になる.

　また, 摩擦力は, 粘性減衰係数にダンパの伸び縮みの速度をかけたものが大きさであり, 摩擦力であるから, x 軸正方向に動くと負の方向に働くので, 方向を考慮してこのような表現になる.

これらをまとめると,

$$m \times \ddot{x} = -k \times x - c \times \dot{x}$$

となる. これを書きなおすと,

$$m\ddot{x} + c\dot{x} + kx = 0$$

と表される. この式を, 図 2・3 の振動系に対するニュートンの運動方程式の基本形とする.

さて, 運動方程式をなぜ求める必要があるのだろうか. 運動方程式の役割には, つぎのようなものがあげられる.

(1) 機械システムに加わる力の大きさや方向がわかる.

(2) 機械システムの動きのようすを, コンピュータ上で**シミュレーション**（simulation）できる.

(3) 機械システムの**シミュレータ**（simulator）として, 訓練に用いることができる.

まず, (1) のメリットは, 設計時の強度計算に必要なデータが得られることである. 正確な力の見積は, 正確な設計の実現を可能にし, 安全性の向上やコストダウンにもつながる.

つぎに, (2) のシミュレーションについては, 近年試作品を作って, いろいろな条件でテストするための時間やコストを削減するために, コンピュータ上で仮想の試作品を作り, テストをおこなうことが主流になってきていることに貢献する.

最後の (3) は, (2) の応用であるが, 最近機械システムが複雑になってきていて, 今まで以上に, 機械の操作方法に十分に慣れておく必要がある. そのため, 主に乗り物の分野で, 乗務員の訓練システムのためのシミュレータにおいて, 正確な運動方程式が必要となる. 特に飛行機のパイロットに対しては, 実機の訓練では失速などの危険な状況や, 突風など常時遭遇できない気象条件下でも, すぐに再現のできるフライトシミュレータの活用は, 今や安全運航のために必須となっている.

2・2 実　　践

2・2・1　ニュートンの法則

特殊な顕微鏡でないと見えない，原子や電子などの微小なものを除くと，天体の大きさのレベルまで含めて，物体の並進運動に対しては，つぎの**ニュートンの法則**（ Newton's law ）が成り立っている.

第一法則(**慣性の法則**)・・・物体が力の作用を受けない時は，静止しているものはいつまでも静止を続け，運動しているものは，いつまでも等速直線運動を続ける.

第二法則(**運動の法則**)・・・物体が力の作用を受けるときは，その向きに，その大きさに比例した加速度が生じる.

第三法則(**作用反作用の法則**)・・・物体が他の物体に力を作用させるときは，その物体から等しい大きさで，反対向きの反作用を受ける.

ニュートンの法則のうち，第二法則を式で表すとつぎのようになる.

$$\vec{a} = 1/m \times \vec{F} \qquad (2 \cdot 5)$$

ここで m は物体の質量であり，$1/m$ が比例定数となる. $\vec{a}$ は物体の加速度ベクトルである. $\vec{F}$ は物体に働く力ベクトルである. これを変形して，

$$m \times \vec{a} = \vec{F} \qquad (2 \cdot 6)$$

が得られる. これが，ニュートンの運動方程式の基本形である. つまり，さまざまな機械の動きから，人の行動，そして天体の運動に至るまで，すべての運動が式 (2・6) によって，表されることになる.

2・2・2　ニュートンの運動方程式の導出

ニュートンの運動方程式の導出について説明する. 運動方程式の基本形は，式 (2・6) であるので，それぞれの項について，取り上げた機械システムに合わせて，具体的に記述すればよい. ただし，加速度や力はベクトル量であるから，複雑なシステムに適応すると，間違いが起こりやすいので注意が必要である.

以下，具体的なシステムの例題を使って導出方法を説明する.

【例題 2・2】図 2・1 の飛行機に対して，垂直平面内でのニュートンの運動方程式を求めよ.

[解答]　飛行機に働く力は，図 2・1 のようになっているから，求める方程式のベクトル表記はつぎのようになる.

$$m \times \vec{a} = m \times \vec{g} + \vec{F_p} + \vec{F_l} + \vec{F_c}$$

ただし，$\vec{g}$ は重力加速度，$\vec{F_p}$ は推進力，$\vec{F_l}$ は揚力，$\vec{F_c}$ は空気抵抗力を表す.

つぎに，これを各成分に分解してスカラ量で表す. 水平左方向を x 軸，鉛直上方を y 軸 と設定すると，x 軸方向については，

$$m \times \ddot{x} = F_p - F_c$$

と求まる.

また，y 軸方向については，

$$m \times \ddot{y} = -m \times g + F_l$$

と求まる. ただし，F_p，F_l，F_c は，各力ベクトルの要素である.

【例題 2・3】図 2・2 の車に対して，水平方向でのニュートンの運動方程式を求めよ.

[解答]　車に働く力は，図 2・2 のようになっているから，求める方程式のベクトル表記はつぎのようになる. ただし，左方向を x 軸方向とする.

$$m \times \vec{a} = \vec{F_p} + \vec{F_l} + \vec{F_c}$$

ここで，$\vec{F_p}$ は推進力，$\vec{F_f}$ は路面摩擦力，$\vec{F_c}$ は空気抵抗力を表す.

つぎに，これをスカラ量で表すと，

$$m \times \ddot{x} = F_p - F_f - F_c$$

と求まる.

ちなみに，鉛直上方を y 軸方向とすると，この方向の車の運動方程式は，つぎにように求まる.

$$m \times \ddot{y} = -m \times g + F_N$$

ただし，F_N は床反力である．

　【例題2・4】図 2・3 の振動系に対して，ニュートンの運動方程式を求めよ．

　[解答]　　図 2・3 に対しては，すでに例題 2・1 で運動方程式を求めたが，図のようにモデル化される**線形振動系**（ linear vibratory system ）の場合，運動方程式の基本形は，例題の解答で見られたように，第二法則をそのまま式で表した式 (2・6)ではなくて，

　　（ おもりの質量 ）×（ 加速度 ）+（ 減衰力 ）+（ ばね力 ）=（ 外力 ）

の形に最終的にまとめることとして，この形を誤りなく導出する方法を説明する．実際に働く力の大きさや方向を正確に求めるため，具体的につぎの手順を実行する．

　線形振動系に対するニュートンの運動方程式の導出手順

　　①各おもりの，各運動方向に対して，1つずつ運動方程式を求めていく．

　　②着目するおもりと運動方向を1つ決め，そのおもりの，すぐそばのまわりを楕円で囲み，ばねやダンパの各アームと楕円の交点を自分側の軸とし（ △で目印 ），反対側を相手側の軸とした（ ×で目印 ）書き込みを図におこなう．

　　③慣性力は，

　　　　（ 着目しているおもりの質量 ）×（ 着目している方向の加速度 ）

　　　で求める．

　　④減衰力は，②の書き込みをおこなったダンパに対して，次式を使って計算する．

$$\sum_{i=1}^{n}\{c_i \times（\ 自分側（\triangle）の軸の速度 － 相手側（\times）の軸の速度\ ）\}$$

　　　ここで，i は取り上げたダンパのナンバーを表している．この力に対して，着目する運動方向の成分を取り出し，運動方程式に組み込む．

　　⑤ばね力は，②の書き込みをおこなったばねに対して，次式を使って計算する．

$$\sum_{i=1}^{\ell}\{k_i \times (\,自分側(\triangle)\,の軸の移動量 - 相手側(\times)\,の軸の移動量\,)\}$$

ここで, i は取り上げたばねのナンバーを表している. この力に対して, 着目する運動方向の成分を取り出し, 運動方程式に組み込む.

⑥求めた各力を並べて基本形を完成させる. **外力**（external force）が働いていれば, 方向に注意して右辺に加える.

⑦別の運動方向, または, おもりに移り, ②に戻って順次作業を行う. すべての運動方程式が導出されるまで, ②～⑦の作業を繰り返す.

この手順にしたがって, 図 2・3 の運動方程式を求めてみる.

まず, ①に対しては, おもりは1つで, 運動方向も1つであるから, 求める方程式は1つである.

②に対しては, **図 2・4**のような書き込み結果となった.

③より, 慣性力は,

$$(\,慣性力\,) = m \times \ddot{x}$$

である.

④より, 減衰力は,

$$(\,減衰力\,) = c \times (\dot{x} - 0)$$

である. ここで, ダンパは1つだけで, x 軸とダンパの軸方向が一致している. そして, 自分側（△側）の軸の速度は, おもりの速度に等しいから $\dot{x}$ であり, 相手側（×側）の軸の速度は, 天井の速度であるからゼロとなる.

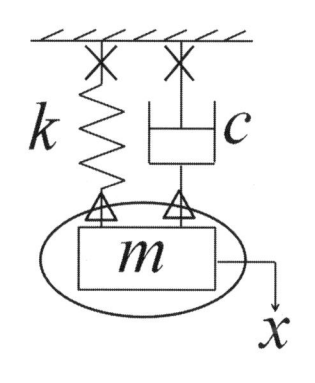

⑤より、ばね力は,

$$(\,ばね力\,) = k \times (x - 0)$$

図 2・4　力の導出のための書き込み

である．ばねも1つだけで，x軸とばねの軸方向が一致している．そして，自分側（△側）の軸の移動量は，おもりの移動量に等しいからxであり，相手側（×側）の軸の移動量は，天井の移動量であるからゼロとなる．

　⑥より運動方程式を求めると，外力は働いていないので，

$$m\ddot{x} + c\dot{x} + kx = 0$$

となる．

　⑦において，システム内のおもりが1つで，運動方向も1つであるから，求める運動方程式の数は1つとなり，これで終了となる．

　【例題2・5】 **図2・5**の2自由度振動系に対して，ニュートンの運動方程式を求めよ．

　[解答]　図2・5は，おもり・ばね・ダンパが2つずつ，直列に結合された2自由度振動系になっている．

　しかしながら，運動方程式の基本形は1自由度系の場合と変わらず，

　（おもりの質量）×（加速度）+（減衰力）+（ばね力）=（外力）

となっているので，今度の場合も先の手順を順番に実行していく．

　まず，①に対しては，初めにおもりm_1を選択する．運動方向は，x_1軸の1方向であるから，おもりm_1に対して運動方程式は1つである．

　②に対しては，**図2・6**のような書き込み結果となった．

　③より慣性力は，

　（慣性力）= $m_1 \times \ddot{x}_1$

である．

　④より減衰力は，おもりm_1

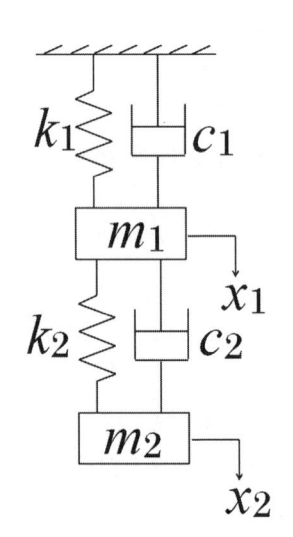

図2・5　2自由度振動系

に直接結合している2つのダンパの力を考慮するので，

$$（ 減衰力 ）= c_1 \times (\dot{x}_1 - 0)$$
$$+ c_2 \times (\dot{x}_1 - \dot{x}_2)$$

である．

ここで，自分側（△側）の軸の速度と，相手側（×側）の軸の速度の設定に従えば，力の方向（±）を間違えることはない．

⑤より，ばね力も，おもり m_1 に直接結合している2つのばねの力を考慮するので，

$$（ ばね力 ）= k_1 \times (x_1 - 0)$$
$$+ k_2 \times (x_1 - x_2)$$

である．自分側（△側）の軸の移動量と，相手側（×側）の軸の移動量の設定に従えば，力の方向（±）を間違えることはない．

⑥より，運動方程式を求めると外力は働いていないので，

$$m_1\ddot{x}_1 + c_1\dot{x}_1 + c_2(\dot{x}_1 - \dot{x}_2)$$
$$+ k_1 x_1 + k_2(x_1 - x_2) = 0$$

となる．

⑦より，つぎのおもり m_2 を選択する．このおもりの運動方向は，x_2 軸の1方向であ

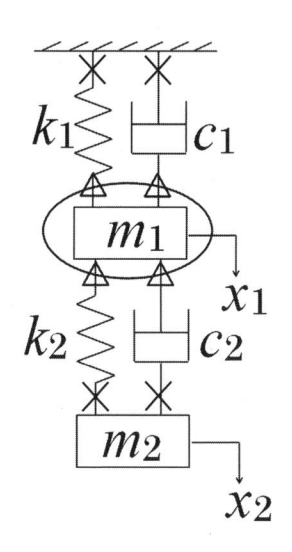

図2・6　m_1 への書き込み

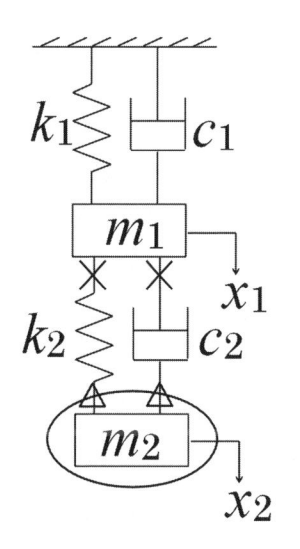

図2・7　m_2 への書き込み

るから運動方程式の数は 1 つである.

②に対しては, 今度は**図 2・7**のような書き込み結果となった.

③より慣性力は,

$$(\text{慣性力}) = m_2 \times \ddot{x}_2$$

である.

④より減衰力は, おもり m_2 に直接結合している 1 つのダンパのみの力を考慮するので,

$$(\text{減衰力}) = c_2 \times (\dot{x}_2 - \dot{x}_1)$$

である. ここで, 自分側 (△側) の軸の速度と, 相手側 (×側) の軸の速度の設定を守れば, 力の方向(±) を間違えることはない.

⑤よりばね力も, おもり m_2 に直接結合している 1 つのばねの力を考慮するので,

$$(\text{ばね力}) = k_2 \times (x_2 - x_1)$$

である. 自分側 (△側) の軸の移動量と, 相手側 (×側) の軸の移動量の設定を守れば, 力の方向(±)を正確に記述できる.

⑥より, 運動方程式を求めると, 外力は働いていないので,

$$m_2\ddot{x}_2 + c_2(\dot{x}_2 - \dot{x}_1) + k_2(x_2 - x_1) = 0$$

となる.

⑦において, すべての運動方程式を求めたので, これで終了となる.

2・2・3　ラグランジュの運動方程式の導出

ニュートンの運動方程式は, 実際に働いている力ごとに, 大きさと方向を導出しているので非常にわかりやすい. しかし, ベクトルを扱っているので, 複雑なシステムな場合や, 動く方向が多い場合には, 間違いが生じやすい.

そこで, 一旦システムの力学的エネルギーを計算し, これを使って方程式を求める, **ラグランジュの運動方程式**（Lagrangian equations of motion）があるので, つぎにこれを説明する.

この方法は**スカラ量**（scalar quantity）のみを扱うので, 複雑なシステムの場合でも, 間違いが少なくなるメリットがある.

ラグランジュの運動方程式の基本形はつぎのようになっている.

$$\frac{d}{dt}\left(\frac{\partial L}{\partial \dot{x}_j}\right) - \frac{\partial L}{\partial x_j} + \frac{\partial F}{\partial \dot{x}_j} = Q_j \quad (j=1, 2, \cdots, N) \qquad (2 \cdot 7)$$

ここで, L は**ラグランジアン**(Lagrangian), F は**散逸関数**(dissipation function), Q_j は粘性減衰力以外の非保存力で構成される**一般化力**(generalized force)である. x_j は**一般化座標**(generalized coordinates), N はその個数である.

式 (2・7) の導出について概略を説明する. ニュートンの運動方程式である式 (2・6) の両辺に, 物体の仮想微小変位 $\delta \vec{r}$ をかけることで, 力と距離のスカラ積としての仮想仕事を使った表現形式に一旦変形する. ただし, $\vec{F}$ は保存力とする. その後, 運動エネルギーとポテンシャルエネルギーを使った表現に変形して, 一般化力と散逸関数の項を加えることで, 式 (2・7) の形が導出される.

ここで, ラグランジアンと散逸関数はあとで説明する. 非保存力とは, エネルギーの損失を伴うような力である. また, 一般化力とは一般化座標の変化との積で仕事を与える力であり, 一般化座標とペアになる力である.

一般化座標とは, 物体の運動を表す座標の中で, 物体の運動に関する拘束条件式が運動方程式に付随しないようにすることのできる座標のことである. 例えば, おもりの円運動を考えると, 直交座標系の xy 座標では, r を円の半径とすると, おもりを円周上に拘束する式,

$$x^2 + y^2 = r^2 \qquad (2 \cdot 8)$$

が, 付随してしまうが, 回転角度 θ を座標にとるとその必要はない. この時, θ が一般化座標となる.

ラグランジュの運動方程式は, 一旦エネルギー等を計算してから, 方程式を導出するため, 計算手順がニュートンの運動方程式より多くなる. そこで, 計算手順を簡潔にまとめると次のようになる.

<u>ラグランジュの運動方程式の導出手順</u>

　①一般化座標を決める(並進運動は直交座標 x_j, 回転運動は回転角 θ_j が一

般的).

②システムの運動エネルギー T とポテンシャルエネルギー U を計算する.

　ここで, ポテンシャルエネルギーは, 位置エネルギー P と弾性エネルギー E を加えたもの, つまり, $U = P + E$ である.

③ラグランジアン $L = T - U$ を計算する.

④散逸関数 F を計算する.

⑤運動方程式, 式 (2·7) を計算する.

⑥非保存力 Q_j があれば, 方向に注意して式に加える.

このように, 計算はすべてエネルギー, またはそれに準ずる散逸関数を導出しており, いずれもスカラ量である.

　機械システムの運動は, 並進運動と回転運動に分けられる. 先のニュートンの運動方程式は, 並進運動に主として適用されるものであり, 回転運動に対しては, **オイラーの運動方程式**（Euler's equation of motion）が用いられる. したがって, 並進と回転の運動を一括して扱うためには, 両方を合体したニュートン・オイラーの運動方程式が必要となる.

　一方, ラグランジュの運動方程式は, 並進と回転の両方の運動をいっしょに扱うことが可能であるので, この点も大きなメリットとなっている.

　【例題 2·6】 図 2·3 の振動系に対して, ラグランジュの運動方程式を求めよ.

　[解答]　例題 2·4 でのニュートンの運動方程式の導出と比較するため, 同じシステムに対して, 今度はラグランジュの運動方程式を求める. 前述のラグランジュの運動方程式の導出手順を, 線形振動系へ適用すると, つぎのように記述される.

　線形振動系に対するラグランジュの運動方程式導出手順

　①一般化座標を決める(並進運動は直交座標 x_j, 回転運動は回転角 θ_j が一般的).

　②システムの運動エネルギー T とポテンシャルエネルギー U をそれぞれ

以下の計算式より計算する．ここで，ポテンシャルエネルギーは，位置エネルギー P と弾性エネルギー E を加えたもの，つまり，$U = P + E$ で計算される．

$$T = \sum_{i=1}^{N} \left\{ \frac{1}{2} \times (i \, 番目のおもりの質量) \times (i \, 番目のおもりの速度)^2 \right\}$$

$$P = \sum_{i=1}^{N} \left\{ (i \, 番目のおもりの質量) \times (重力加速度) \times (基準面からの高さ) \right\}$$

$$E = \sum_{i=1}^{\ell} \left\{ \frac{1}{2} \times (i \, 番目のばねのばね定数) \right.$$

$$\left. \times (ばねの一端の変位 - ばねの他端の変位)^2 \right\}$$

③ラグランジアン $L = T - U$ を計算する．
④散逸関数 F を次式により計算する．

$$F = \sum_{i=1}^{n} \left\{ \frac{1}{2} \times (i \, 番目のダンパの粘性減衰係数) \right.$$

$$\left. \times (ダンパの一端の速度 - ダンパの他端の速度)^2 \right\}$$

⑤運動方程式の式 (2・7)を計算する．
⑥非保存力 Q_j があれば，方向に気をつけて式に加える．
この手順にしたがって，図 2・3 の運動方程式を求めてみる．
まず，①に対しては並進運動であるから，図に示している x を一般化座標とする．したがって，一般化座標の個数 $N = 1$ である．
②に対しては，計算結果は以下のようになる．

運動エネルギー：$T = \dfrac{1}{2} \times m \times \dot{x}^2$

位置エネルギー U は，重力がばね力でキャンセルされているので，ゼロである．

一方，ばねによる弾性エネルギーは，

弾性エネルギー：$E = \dfrac{1}{2} \times k \times (x - 0)^2$

である．

③より，

ラグランジアン：$L = T - U$

$$= \dfrac{1}{2} \times m \times \dot{x}^2 - \dfrac{1}{2} \times k \times (x - 0)^2$$

である．

④より，

散逸関数：$F = \dfrac{1}{2} \times c \times (\dot{x} - 0)^2$

⑤より，運動方程式は式 (2・7) を順を追って計算すると以下のようになる．

$$\frac{\partial L}{\partial \dot{x}} = \frac{\partial}{\partial \dot{x}} \left(\frac{1}{2} \times m \times \dot{x}^2 - \frac{1}{2} \times k \times x^2 \right)$$

$$= m \times \dot{x}$$

$$\frac{d}{dt} \left(\frac{\partial L}{\partial \dot{x}} \right) = \frac{d}{dt} (m \times \dot{x})$$

$$= m\ddot{x}$$

$$\frac{\partial L}{\partial x} = \frac{\partial}{\partial x} \left(\frac{1}{2} \times m \times \dot{x}^2 - \frac{1}{2} \times k \times x^2 \right)$$

$$= -kx$$

$$\frac{\partial F}{\partial \dot{x}} = \frac{\partial}{\partial \dot{x}} \{\frac{1}{2} \times c \times (\dot{x} - 0)^2\}$$

$$= c\dot{x}$$

したがって，ラグランジュの運動方程式をまとめると，

$$m\ddot{x} + kx + c\dot{x} = Q$$

となる．

⑥より，一般化力 Q は働いていないから，最終の運動方程式は，

$$m\ddot{x} + c\dot{x} + kx = 0$$

となる．もちろん，これは 例題2・4 の解答と同じであるが，導出過程は全く異なっている．

【例題2・7】 図 2・5 の振動系に対して，ラグランジュの運動方程式を求めよ．

[解答] 今度は，例題 2・5 と比較をおこなう．前述の線形振動系に対するラグランジュの運動方程式導出手順にしたがって，今回も計算する．

まず，①に対しては並進運動であるから，図に示している x_1, x_2 を一般化座標とする．したがって，一般化座標の個数は $N = 2$ である．

②に対しては，計算結果は以下のようになる．

$$運動エネルギー : T = \frac{1}{2} \times m_1 \times \dot{x}_1{}^2 + \frac{1}{2} \times m_2 \times \dot{x}_2{}^2$$

位置エネルギー P は，重力がばね力でキャンセルされているのでゼロである．

一方，2つのばねによる弾性エネルギーは，

$$\text{弾性エネルギー}: E = \frac{1}{2} \times k_1 \times (x_1 - 0)^2 + \frac{1}{2} \times k_2 \times (x_1 - x_2)^2$$

である.

③より,

$$\text{ラグランジアン}: L = T - U$$

$$= \frac{1}{2} \times m_1 \times \dot{x}_1{}^2 + \frac{1}{2} \times m_2 \times \dot{x}_2{}^2$$

$$- \frac{1}{2} \times k_1 \times (x_1 - 0)^2 - \frac{1}{2} \times k_2 \times (x_1 - x_2)^2$$

である.

④より, 2 つのダンパによる散逸関数は,

$$\text{散逸関数}: F = \frac{1}{2} \times c_1 \times (\dot{x}_1 - 0)^2 + \frac{1}{2} \times c_2 \times (\dot{x}_1 - \dot{x}_2)^2$$

⑤より運動方程式, 式 (2・7) を計算すると以下のようになる.

まず, x_1 については,

$$\frac{\partial L}{\partial \dot{x}_1} = \frac{\partial}{\partial \dot{x}_1} \{ \frac{1}{2} \times m_1 \times \dot{x}_1{}^2 + \frac{1}{2} \times m_2 \times \dot{x}_2{}^2$$

$$- \frac{1}{2} \times k_1 \times (x_1 - 0)^2 - \frac{1}{2} \times k_2 \times (x_1 - x_2)^2 \}$$

$$= m_1 \times \dot{x}_1$$

$$\frac{d}{dt} \left(\frac{\partial L}{\partial \dot{x}_1} \right) = \frac{d}{dt} (m_1 \times \dot{x}_1)$$

$$= m_1 \ddot{x}_1$$

$$\frac{\partial L}{\partial x_1} = \frac{\partial}{\partial x_1} \{ \frac{1}{2} \times m_1 \times \dot{x}_1{}^2 + \frac{1}{2} \times m_2 \times \dot{x}_2{}^2$$

$$-\frac{1}{2} \times k_1 \times (x_1 - 0)^2 - \frac{1}{2} \times k_2 \times (x_1 - x_2)^2\}$$

$$= -k_1 x_1 - k_2(x_1 - x_2)$$

$$\frac{\partial F}{\partial \dot{x}_1} = \frac{\partial}{\partial \dot{x}_1} \{\frac{1}{2} \times c_1 \times (\dot{x}_1 - 0)^2 + \frac{1}{2} \times c_2 \times (\dot{x}_1 - \dot{x}_2)^2\}$$

$$= c_1 \dot{x}_1 + c_2(\dot{x}_1 - \dot{x}_2)$$

したがって，ラグランジュの運動方程式をまとめると，

$$m_1 \ddot{x}_1 + k_1 x_1 + k_2(x_1 - x_2) + c_1 \dot{x}_1 + c_2(\dot{x}_1 - \dot{x}_2) = Q_1$$

となる.

⑥より，一般化力 Q_1 は働いていないから，最終の運動方程式は，

$$m_1 \ddot{x}_1 + c_1 \dot{x}_1 + c_2(\dot{x}_1 - \dot{x}_2) + k_1 x_1 + k_2(x_1 - x_2) = 0$$

となる.

次に，x_2 については，

$$\frac{\partial L}{\partial \dot{x}_2} = \frac{\partial}{\partial \dot{x}_2} \{\frac{1}{2} \times m_1 \times \dot{x}_1{}^2 + \frac{1}{2} \times m_2 \times \dot{x}_2{}^2$$

$$-\frac{1}{2} \times k_1 \times (x_1 - 0)^2 - \frac{1}{2} \times k_2 \times (x_1 - x_2)^2\}$$

$$= m_2 \times \dot{x}_2$$

$$\frac{d}{dt}\left(\frac{\partial L}{\partial \dot{x}_2}\right) = \frac{d}{dt}(m_2 \times \dot{x}_2)$$

$$= m_2 \ddot{x}_2$$

$$\frac{\partial L}{\partial x_2} = \frac{\partial}{\partial x_2} \{\frac{1}{2} \times m_1 \times \dot{x}_1{}^2 + \frac{1}{2} \times m_2 \times \dot{x}_2{}^2$$

$$-\frac{1}{2} \times k_1 \times (x_1 - 0)^2 - \frac{1}{2} \times k_2 \times (x_1 - x_2)^2\}$$

$$= k_2(x_1 - x_2)$$

$$\frac{\partial F}{\partial \dot{x}_2} = \frac{\partial}{\partial \dot{x}_2}\{\frac{1}{2} \times c_1 \times (\dot{x}_1 - 0)^2 + \frac{1}{2} \times c_2 \times (\dot{x}_1 - \dot{x}_2)^2\}$$

$$= -c_2(\dot{x}_1 - \dot{x}_2)$$

したがって，ラグランジュの運動方程式をまとめると，

$$m_2\ddot{x}_2 + k_2(x_2 - x_1) + c_2(\dot{x}_2 - \dot{x}_1) = \boldsymbol{Q}_2$$

となる．

⑥より，一般化力 $\boldsymbol{Q}_2$ は働いていないから，最終の運動方程式は，

$$m_2\ddot{x}_2 + c_2(\dot{x}_2 - \dot{x}_1) + k_2(x_2 - x_1) = 0$$

となる．

もちろん，これらの式も，例題 2・5 の解答と同じであるが，導出過程は全く異なっている．

【EPISODE】

　運動方程式は，数理モデルの 1 つである．さまざまな現象を数式で表す数理モデルは，コンピュータの発達で広く利用されるようになった．脳の神経活動を数理モデルで表したものは，ニューラルネットワーク，つまり，人工知能と呼ばれ，ある分野では人間以上の能力を持たせることも可能となった．

演 習 問 題 2

【2・1】図2・8の振動システムに対して，ニュートンの運動方程式を求めよ.

【2・2】図2・9の振動システムに対して，ニュートンの運動方程式を求めよ.

【2・3】図2・10の振動システムに対して，ニュートンの運動方程式を求めよ.

【2・4】図2・11の振動システムに対して，ニュートンの運動方程式を求めよ. ただし，地面も $A\cos(\omega t)$ で動いている.

【2・5】図2・8に対して，ラグランジュの運動方程式を求めよ.

【2・6】図2・9に対して，ラグランジュの運動方程式を求めよ.

【2・7】図2・10に対して，ラグランジュの運動方程式を求めよ.

【2・8】図2・11に対して，ラグランジュの運動方程式を求めよ.

【2・9】図2・12のロボットリンクの回転運動に対して，ラグランジュの運動方程式を求めよ. ただし，リンク重心は先端にあり，L はリンク長，T は関節トルクである.

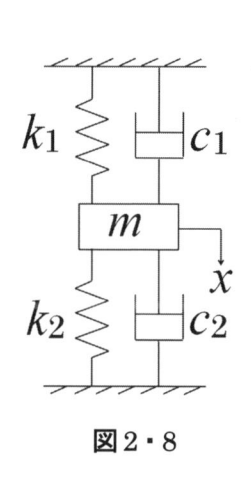

図2・8

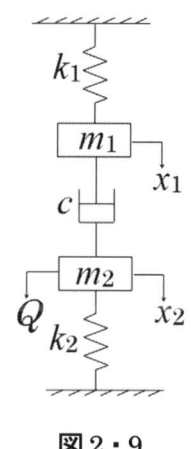

図2・9

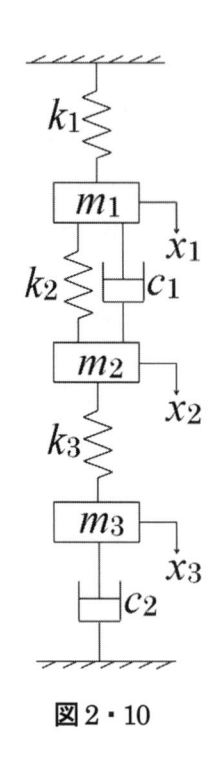

図 2・10

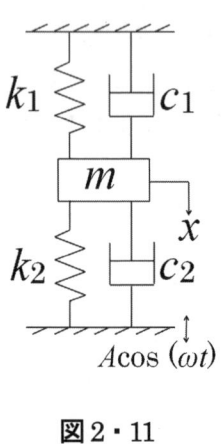

図 2・11

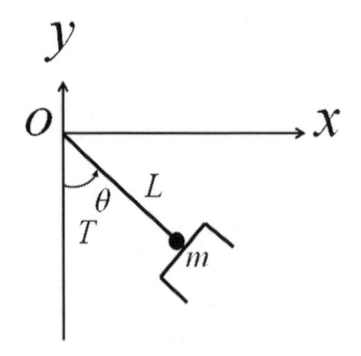

図 2・12

第3章　集中質量モデルの基本

　この章では，機械システムに大きなダメージを与える原因の一つである，振動現象に関する基本事項を学ぶ．機械の故障や事故の主な原因は振動によるものであり，設計のときや運転中も大きな注意を払う必要がある．

```
【このポイントを押えよう】
　○振動の特徴を調べる時の，数式の活用方法について学ぼう．
　○危険な振動の速度として特に注意が必要となる，固有振動数に
　　ついて理解しよう．
```

3・1　概　　要

3・1・1　固有振動数

　まず，機械システムにおける**振動**（ oscillation ）に関する重要事項について学ぼう．機械工学で振動を学ぶことが重要となる理由は、振動は機械システムにとって，重大な事故の原因となり得る現象であり，設計段階から十分に調べておくことが必要だからである．そして，これは数式を使って調べるので，その方法を理解してほしい．また，具体的にどのような影響を及ぼすのか，まずはイメージとして理解してほしい．

　機械システムで生じる振動は，一般に複雑な現象となっているが，それを解析するための１つの方法として，その現象を構成する基本要素に分割して考える方法がある．まず，１つの基本要素の性質を調べ，つぎに，その性質を重ね合わせて，もとの現象の性質を推測する．

　ここでは，振動現象の基本要素である，**１自由度系**（ 1-degree-of-freedom

system ）の**非減衰自由振動**（ undamped free oscillation ）について，その性質を調べることにする.

　まず，重要なポイントの概略を説明する．1自由度系とは運動方向が一方向の系をいう．非減衰とは，摩擦の要素，例えばダンパの付いていない系を示す．自由振動とは，外部から力や変位の励振がない振動を表す.

　振動の持つさまざまな性質の中で，機械システムにもっとも影響を及ぼすものは，振動による部材の変形である．機械はさまざまな部品で構成されているが，特に軸などの長い棒や，翼などの薄く長い板などは，振動による変形を受けやすい.

　この部材が変形しているときは，必ず部材内に応力が発生している．しかも，振動下では，繰り返し応力，つまり力の方向がプラスとマイナスで絶えず変化する応力となっている．そして，変形量が大きければ，発生する応力も大きくなる．材料力学の知識を使うまでもなく，応力が大きい状態は部材に亀裂が生じる要因となり，好ましい状態ではない．この亀裂が伸展し，やがて部材の破断が生じて，機械システムの故障や事故の原因につながるからである．したがって，重要となる振動の性質は，どれだけ振幅が大きくなるかということである．**図3・1**にその様子のイメージを示す.

　　この時振動が生じやすく，一度発生すると振れ幅が大きくなって，なかなか収まらないような特徴の振動が生じる時の速さが，部材の形状や材質などによって基本的に決まっている．この速さを，**固有振動数** f_n（ natural frequency ）というパラメータで表している．振動解析の1番の目的は，この固有振動数を調べて，その速さの振動を回避する対策を立てることにある.

　一般に，固有振動数を求めることは，多くの計算を必要とするが，ここで取り上げている1自由度系では，おおまかにはつぎの式で計算される.

$$固有振動数 = \frac{1}{2\pi}\sqrt{\frac{ばね定数}{物体の質量}} \qquad (3\cdot1)$$

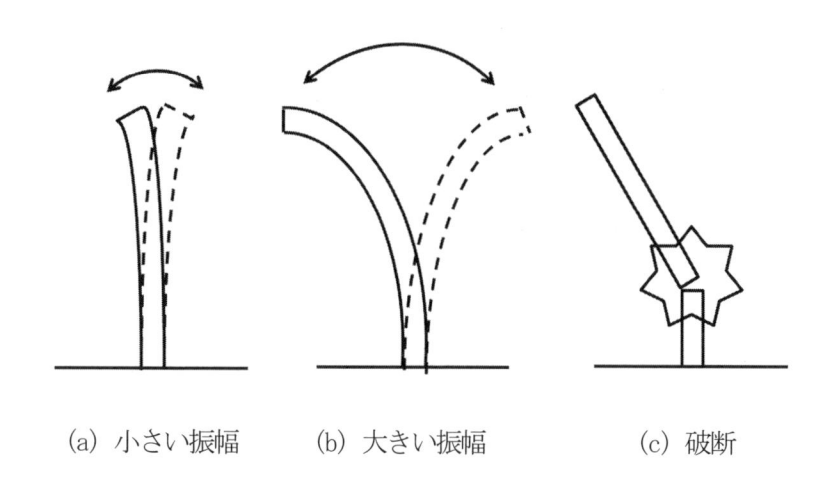

（a）小さい振幅　　　（b）大きい振幅　　　（c）破断

図 3・1　振動と破壊のイメージ

　固有振動数の速さで振動するときは，部材への応力の影響が大きいので，この速さの影響を少なくする工夫が機械設計時に求められる.

　例えば，エンジンのアイドリング時に回転数をこの速さにしない，また，停止状態から通常運転速度までの間に，どうしてもこの速さを通らなければならない時は，できるだけ速く通過するようにする，さらには防振装置でこの速さの振動を低減する，などがあげられる.

─重要事項1─

　振動の速さが固有振動数に近いと，振幅が特に大きくなる.

　固有振動数は多くの場合，

$$固有振動数 = \frac{1}{2\pi}\sqrt{\frac{ばね定数}{物体の質量}}$$

で計算される.

3・1・2　共振

　実際の機械システムの運転中には，外部からさまざまな外乱が，力や変位の形でシステムに入ってくる．このような外乱が加わっている時の振動を，**強制振動**（ forced oscillation ）と呼び，より実システムに近い運動となっている．そこで，つぎにこの運動について，調べることにする．

　まず，重要なポイントの概略を説明する．システムの外乱には，いろいろな動きが考えられるが，まったく任意の外乱運動を考えると解析が困難になる．そこで，理想的な外乱として，こちらも三角関数で表すことのできる数式モデルを採用する．また，取り上げる系も，おもり・ばね・ダンパが1つずつ使われている**図3・2**のようなモデルを考え，おもりに外力 f が加わるものとする．

　力の外乱にしろ，変位の外乱にしろ，外乱とおもりの反応の振幅の比を見てみると，外乱の振動の速さに応じて，その比がいろいろと変化する．

　そこで，外乱の振動の速度がどのようなときに，この比がどのようになるかということについて，1つのグラフで表すことで，振動システム全体の特徴が一目でわかるようにしている．

　このグラフを**共振曲線**（ resonance curve ）と呼んでいて，システムの外乱に対する振動特性をわかりやすく表している．システムの設計においては，この共振曲線を調べることによって，運転中の振動に対する安全性の確保や，性能の維持といった作業をおこなっている．

　共振曲線の概観は，**図3・3**のように表される．おおまかに言えば，横軸は外乱の振動の速度を，縦軸は外乱とおもりの反応の振幅比をとっている．横軸の左のほうは，外乱の速度が遅く，右のほうは速度が速い．また，縦軸の上のほうは，おもりの振幅のほうが大きくなり，下のほうは，逆に外乱の振幅のほうが大きい領域となっている．

　外乱の振動の速度が，系の固有振動数よりも遅いときには，外乱とおもりの反応の大きさはほぼ同じである．いわば，外乱の振動と同程度の振動がおもりに生じる振動通過域である．つぎに，外乱の速度が徐々に速くなっていくと，だんだんおもりの反応のほうが大きくなり，系の固有振動数付近まで速くなる

と，おもりの反応は一番大きくなる．このときは，ばねの伸び縮み量が最大に
なり，ばねに大きなストレスがかかっている．場合によっては，ばねが破断す
る可能性もある．ここが，最大反応点である．さらに，外乱の速度を速くして
いくと，反対におもりの反応は，外乱の大きさよりもずっと小さくなる．いわ
ば振動遮断域である．

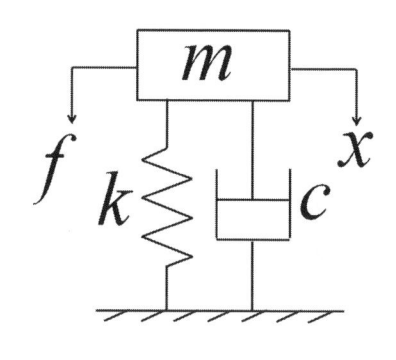

図3・2　強制振動システム

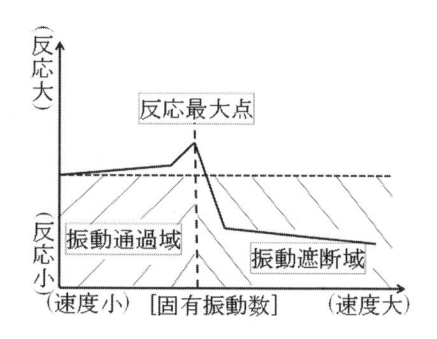

図3・3　共振曲線概観

　この3つの領域に対して，システムに求められる運動特性にしたがって，ど
の領域を利用するかが設計時に選択される．

―重要事項2―
　外乱の振動がシステムに加わると，システムにも振動が生じる．
　その特徴は，外乱の速度に応じて，つぎのパターンに分けられる．
　　　①振動通過域（外乱が固有振動数より遅い場合）
　　　②最大反応点（外乱が固有振動数付近）
　　　③振動遮断域（外乱が固有振動数より速い場合）

これらの特徴は，共振曲線により表現される．

3・2　実　　　践

3・2・1　振動の記述

　振動は，並進運動であれ回転運動であれ，物体の往復運動である．物体の運動が運動方程式によって表されたことから，この振動運動も数式で表しておく必要がある．それによって，いろいろな現象を数式という共通の表現手段を介して見ることができるからである．

　往復運動を式で表す時，三角関数を用いると簡単な式で書き表せる．そこで，三角関数で表される振動を**単振動**（simple harmonic motion）として，振動運動の基本とする．このような振動は，**図 3・1** にあるような線形ばねとおもりが 1 つずつで構成される，1 自由度振動系が対象として挙げられるので，この振動を取り上げる．実際のシステムの振動現象はもっと複雑になる場合が多いが，使用する三角関数の数を増やすことで対応できる．

　このシステムのおもりの運動は，**図 3・4** の左の図の点線のように，上下方向に，ある間隔の中で行ったり来たりする．このおもりの位置 x を，横軸を時間 t にとって表したものが真ん中のグラフになる．

　このグラフを，三角関数を用いて表すと，例えば，

$$x(t) = A\sin(\omega t + \phi) \qquad (3・2)$$

となる．ここで，A を振動の振れ幅である**振幅**（amplitude）と呼ぶ．

　一方，sin 関数のカッコの中の表記については，つぎの説明にもとづいている．振動は往復運度であるから，スタート点を出発したおもりは，必ずまた，このスタート点に戻ってくる．このような運動は，往復運度のほかに円周上の円運動もそうである．そこで，往復運動を**角速度**（angular velocity）ω の円運動に置き換えて考えたのが一番右の図である．

　真ん中のグラフのスタート点が，時間がゼロの時の位置で，初期位置となる．この位置を右の図の円運動に当てはめると，横座標軸から角度 ϕ だけ回転した

位置が対応する. そこで, この ϕ を**初期位相角**（initial phase angle）と呼ぶ.

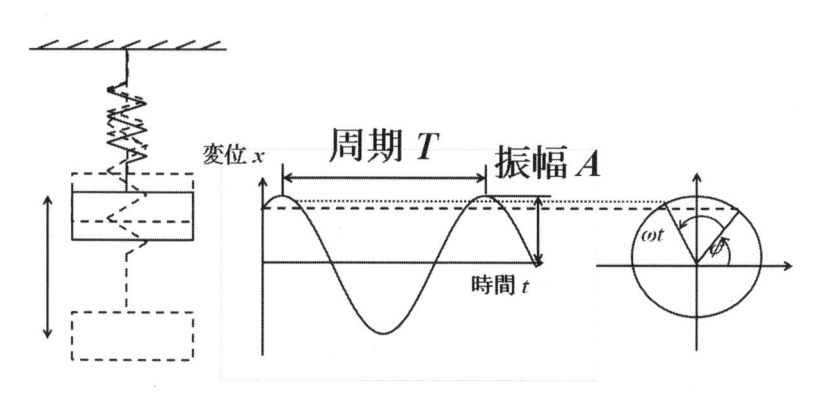

図3・4 振動と回転運動

　この ϕ の角度からスタートして, 現在までの移動角度は, 水平軸から見て ωt $+\phi$ であり, これが sin 関数のカッコの中を構成している.

　また, 図から $90° - \phi = \varphi$ とすると, $\varphi = 90° - \phi$ であるから,

$$x(t) = A\sin(\omega t + \phi)$$
$$= A\sin(\omega t + 90° - \varphi)$$
$$= A\sin(\omega t - \varphi)\cos(90°) + A\cos(\omega t - \varphi)\sin(90°)$$
$$= A\cos(\omega t - \varphi) \qquad (3 \cdot 3)$$

が導出され, cos 関数でも表現できる.

　つぎに, 円運動における角速度 ω と, 往復運動の速度との関係を見てみる. 円運動において, スタートしてから再びスタート点に戻るまでに移動した回転角は $360°$, つまり 2π [rad] である. 一方, 往復運動において, スタートしてから, 再びスタート点に戻るまでにかかった時間は, 真ん中のグラフに示してあるように T である. これを**周期**（period）と呼ぶ.

したがって，再び円運動で考えると，

$$\omega T = 2\pi \tag{3・4}$$

である．よって，

$$\omega = \frac{2\pi}{T} \tag{3・5}$$

となる．また，

$$f = \frac{1}{T} \tag{3・6}$$

と置くと，

$$\omega = 2\pi f \tag{3・7}$$

とも表される．

　以上のことから，振動の特徴を表す重要なパラメータが導き出される．運動の特徴を表すパラメータの1つは，第1章で学んだように速度であった．振動においても，その特徴を表すのに，速度は重要なパラメータとなる．ところが，振動は往復運動であるので，常に速度が変化しており，このままでは扱いにくい．

　そこで，振動の速度については，特別な表し方を用いて，一定の数値になるように簡素化する．しかも，特徴がわかりやすいように，3種類の速度が用意されているので憶えてほしい．

　一番目は，周期 T である．これは，物体が一往復するのにかかる時間をそのまま速度として採用している．単位は，時間の単位 [s] を用いる．

　二番目は，式 (3・6) で定義された f で，これを**振動数**または**周波数**（ frequency ）と呼ぶ．これは，物体が1秒間に何往復するか，その往復回数をそのまま速度として用いたものである．単位は，1秒間の回数であるので [Hz] を用いる．

　三番目は，円運動における角速度 ω で，これを**円振動数**または**円周波数**（ circular frequency ）と呼ぶ．二番目の速度 f に対しては，円という単語が付いていないので，注意しなければならない．これは，振動を円運動に置き換え

ての速度であるから，単位は1秒間にどれだけの角度を移動するかということで，[rad/s] である.

そして，これらの 3 つの速度の間には，式 (3・4) から式 (3・6) までの関係が成り立っている.この関係式はよく使うので，こちらも憶えてもらいたい.

―重要事項3―
振動運動を表す3つの速度
①周期 T [s]
②振動数 f [Hz]
③円振動数 ω [rad/s]

【例題3・1】つぎの [rad/s] の数値を [Hz] に，[Hz] の数値を [rad/s] に変換せよ.

(1) 8 [rad/s] (2) 16 [rad/s] (3) 8 [Hz] (4) 16 [Hz]

[解答] 式 (3・6) を用いて，つぎのように変換される.

(1) 8 [rad/s] / 2π = 1.27 [Hz]   (2) 16 [rad/s] / 2π = 2.55 [Hz]

(3) 8 [Hz] × 2π = 50.3 [rad/s]   (4) 16 [Hz] × 2π = 101 [rad/s]

【例題3・2】つぎの振動数および円振動数の数値を周期に変換せよ.

(1) 3 [rad/s] (2) 6 [rad/s] (3) 3 [Hz] (4) 6 [Hz]

[解答] 式 (3・4) および式 (3・5) を用いて，つぎのように変換される.

(1) 2π / (3 [rad/s]) = 2.09 [s]   (2) 2π / (6 [rad/s]) = 1.05 [s]

(3) 1 / (3 [Hz]) = 0.33 [s]   (4) 1 / (6 [Hz]) = 0.17 [s]

3・2・2 振動モデルの基本要素

機械システムは，さまざまな部位が振動する.

例えば，車においては，サスペンションと呼ばれる車輪とボディーの間にクッションとして取り付けられている部品があり，コイルばねとオイルダンパで構成されていて，伸び縮みして道路の凹凸を吸収する.また，ボンネットは 1 枚の薄い鉄板であるが，エンジンの影響を受けて振動している.

このように，さまざまな形のものが振動しているが，現象はどれも同じ往復運動である.

　そこで，いろいろな現象に対して，共通のモデルを仮定し，そのモデルの運動を式で表すことが，システムモデル化としていろいろな場合で広くおこなわれている.

　ここでは，振動運動に適した基本モデルを構築する. 振動を発生させる基本要素を考えたとき，つぎの 3 つの性質が必要である.

　まず，慣性と復元性である，慣性は，現在の運動の状態を維持しようとする性質であり，質量による慣性力によって実現される. 一方，復元性は平衡状態に戻ろうとする性質であり，ばねによるばね力によって実現される.

　さらに，減衰性が加わる. 減衰性は運動を妨げようとする性質であり，摩擦による摩擦力によって実現される.

　したがって，振動モデルの基本要素は，慣性・復元性・減衰性となる. そこで，慣性としておもり，復元性としてばね，減衰性としてダンパをそれぞれ採用し，この 3 つの要素で構成されるモデルを振動系の基本要素モデルとして利用する. これらの要素を表す記号の説明については，すでに第 2 章の，例えば図 2・3 で使っているのでそちらを参照してほしい. また，それぞれの要素による力のつり合い式が，振動モデルの運動方程式になる.

　ところで，実際の機械システムに対して，これらの要素を当てはめるとき，どのくらいの個数を使うかということが, モデルの精度と大きく関係してくる.

　サスペンションのように，機械部品がそのまま 3 要素に対応する場合もあれば，ボンネットのように一見すると何個考えればいいのかわからない場合もある.

　いずれにしても，有限個の要素で構成される場合を**集中質量モデル**（lumped mass model）と呼ぶ. 一方，理想的な状態として，無限個の要素で構成される場合を**分布質量モデル**（distributed mass model）と呼ぶ. 分布質量モデルについては第 5 章で取り上げる.

　最後に，振動運動で使われるいくつかのパラメータについて，その SI 単位も含めて説明しておく.

　並進運動（translation）での振動運動では，つぎのパラメータが使われる.

①質量　m［kg］　②変位　x［m］　③力　f［N］　④ばね定数　k［N/m］
⑤粘性減衰係数　c［N/(m/s)］=c［N・s/m］
ここで，ばね定数は，単位長さだけばねを伸び縮みさせたときに発生するばね
力を表している．粘性減衰係数は，単位速度でダンパを伸び縮みさせたとき発
生する摩擦力を表している．

　並進運動に対応して，**回転運動**（rotation）における振動運動では，つぎの
パラメータが使われる．

①慣性モーメント　I［kg・m²］　②角度　θ［rad］　③トルク　T［N・m］
④回転ばね定数　k_r［N・m/rad］
⑤回転粘性減衰係数　c_r［N・m/(rad/s)］=c_r［N・m・s/rad］
ここで，回転ばね定数は，単位角度だけ回転ばねを変形させたときに発生する
ばねトルクを表している．回転粘性減衰係数は，単位角速度で回転ダンパを運
動させたとき発生する摩擦トルクを表している．

3・2・3　1自由度系の自由振動

つぎに，外乱のない自由振動について詳しく説明する．

(1) 非減衰自由振動と固有円振動数

減衰性を持たない1自由度のモデルを，いくつかの例に当てはめてみる．

（サスペンションタイプ）

おもりとばねを1つずつ取り付け，地面に立てた**図3・5**のような，サスペ
ンションタイプを取り上げる．おもりの上下方向の運動のみを考えると，1自
由度モデルとなる．

　おもりの静的つり合い位置からの変位をx，質量をm，ばね定数をkとする．

　このモデルの運動方程式は，つぎのようになる．

$$m\ddot{x} + kx = 0 \qquad (3・8)$$

つぎに，振動の**固有円振動数**（natural circular frequency）ω_n を求めるた
めに解xを求める．xの解の形を振動パターンと考えて，

$$x = A\cos(\omega_n t) \qquad (3・9)$$

と仮定する．

これを，式 (3・8) に代入すると，

$$(-Am\omega_n{}^2 + Ak)\cos(\omega_n t) = 0$$

$$(3 \cdot 10)$$

となる．この式が成り立つためには，

$$-Am\omega_n{}^2 + Ak = 0 \qquad (3 \cdot 11)$$

であるから，

$$\omega_n = \sqrt{\frac{k}{m}} \qquad (3 \cdot 12)$$

が得られる．これがこの系の固有円振動数 ω_n である．

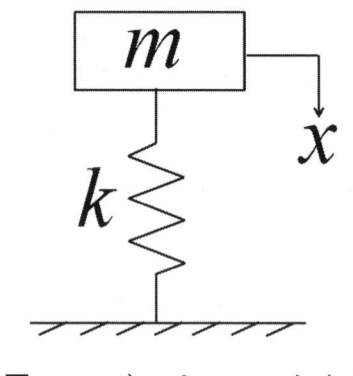

図3・5　サスペンションタイプ

（翼タイプ）

　質量のない片持ちばりの先端におもりのついた，**図 3・6** のような翼タイプを取り上げる．

　このモデルの運動方程式を作ると，

$$m\ddot{x} + k_b x = 0 \qquad (3 \cdot 13)$$

となる．ここで ℓ は，はりの長さ，k_b は，はりの曲げ方向のばね定数で，材料力学の知識を使って，

$$k_b = \frac{3EI}{\ell^3} \qquad (3 \cdot 14)$$

となる．E は，はりの縦弾性係数 (ヤング率)，I は断面二次モーメントである．

　運動方程式の形は，式 (3・8) と同じ形であるから，系の固有円振動数は，やはり，

$$\omega_n = \sqrt{\frac{k_b}{m}} \qquad (3 \cdot 15)$$

となる．

（車軸タイプ）

　質量のない片持ちの軸の先端に，車輪に相当する回転円盤がついた，**図3・7**のような，車軸タイプを取り上げる．軸の長さ方向周りの回転運動のみを考えると，1自由度モデルとなる．

　このモデルの回転の運動方程式を，**図3・7**の座標系をもとに作ると，

$$I\ddot{\theta} + k_r\theta = 0 \qquad (3 \cdot 16)$$

となる．ここで，θ は円盤のねじれ角，I は回転円盤の慣性モーメント，k_r は軸の回転ばね定数で，材料力学の知識を使って，

$$k_r = \frac{\pi G d^4}{32\ell} \qquad (3 \cdot 17)$$

となる．d は軸の直径，G は軸の横弾性係数である．

　運動方程式の形は，式 (3・8) と同じ形であるから，系の固有円振動数は，やはり，

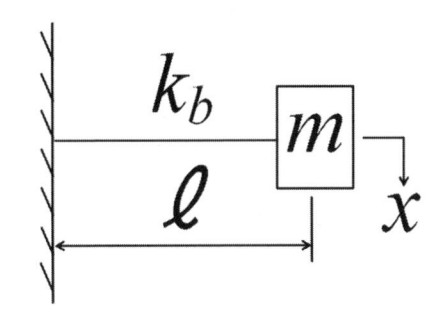

図3・6　翼タイプ

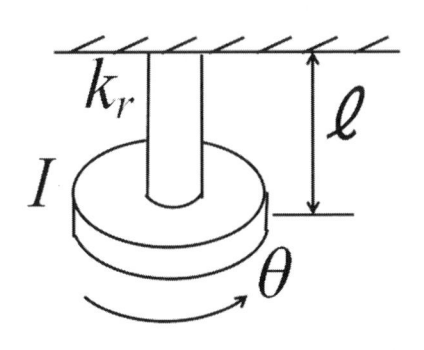

図 3・7　車軸タイプ

$$\omega_n = \sqrt{\frac{k_r}{I}} \qquad (3 \cdot 18)$$

となる．

（クレーンタイプ）

　機械システムで，振り子のような部品が装着されているものとしては，建設機械のクレーンがあげられる．**図 3・8** のような単振り子の運動方程式を求める．物体の運動の基本法則であるニュートンの第二法則「物体に外から力が作用すれば，力の大きさに比例し，物体の質量に反比例した加速度が力と同じ向きに生じる」を適用するため，質量×加速度と外力を求める．図 3・8 において，質量 m のおもりが長さ L の糸を使って上部の壁に固定されている．鉛直下方からの振り上げ角度を θ とすると，その間に動いた円弧の距離は $L \times \theta$ である．したがって，その瞬間の接線方向の加速度は，$L \times \ddot{\theta}$ となる．一方，外から働く力はおもりに作用する重力 mg だけであるから，そのうちの接線方向に働く成分を抽出すると，$mg\sin\theta$ となる．この力の向きは θ の負の方向であるから，マイナスをつける．以上より，運動方程式は，

$$mL\ddot{\theta} = -mg\sin\theta \qquad (3 \cdot 19)$$

となる．これを整理すると，

$$L\ddot{\theta} + g\sin\theta = 0 \qquad (3 \cdot 20)$$

となる．これが，単振り子の運動方程式である．振動の振幅が小さい場合を考え，θ の値が小さい値しか取らないものとして，$\sin\theta$ を θ で近似する．すると，運動方程式は，

$$L\ddot{\theta} + g\theta = 0 \qquad (3 \cdot 21)$$

となり，運動方程式の形は，式(3・8)と同じ形であるから，固有円振動数は，

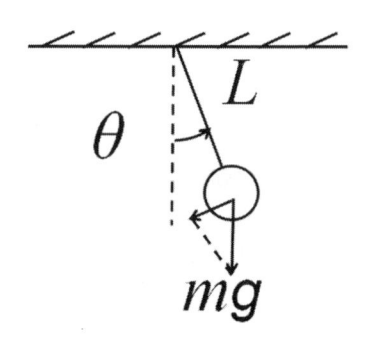

図 3・8　クレーンタイプ

$$\omega_n = \sqrt{\frac{g}{L}} \qquad (3 \cdot 22)$$

である．振り子だけは，重力加速度と振り子の長さが関係する．

　以上，得られたさまざまな固有円振動数 ω_n に対し，他の速度表示は次のよ

うになる.

　固有振動数 f_n は,

$$f_n = \frac{\omega_n}{2\pi} \tag{3・23}$$

　固有周期 T_n は,

$$T_n = \frac{1}{f_n} \tag{3・24}$$

である.

(2) 減衰自由振動

　今度は, ダンパなどがついた減衰効果のある自由振動を取り上げる.

　おもり・ダンパ・ばねが 1 つずつ床に対して, **図3・9** のように取り付けられたモデルを考える.

　このモデルの運動方程式は, つぎのようになる.

$$m\ddot{x} + c\dot{x} + kx = 0 \tag{3・25}$$

　おもりがどのような動きになるか調べるために, この方程式の解を求める. 振動以外の運動の可能性も考慮して, 解の形を,

$$x = e^{st} \tag{3・26}$$

と仮定する. これを式 (3・25) に代入すると,

$$\left(ms^2 + cs + k\right)e^{st} = 0 \tag{3・27}$$

となる. ここで,

$$e^{st} \neq 0 \tag{3・28}$$

であるから,

$$ms^2 + cs + k = 0 \tag{3・29}$$

が成り立つ必要がある. この式を**特性方程式** (characteristic equation) と呼ぶ. ここで, m, c, k は定数であるから, この式は, s についての2次方程式である. これを**特性根** (characteristic root) という. よって, 2次方程式の解の公式を用いると,

$$s = \frac{-c \pm \sqrt{c^2 - 4mk}}{2m} \qquad (3 \cdot 30)$$

が得られる.

　ここで, $\sqrt{}$ の中がゼロの場合
考えると,

$$c^2 - 4mk = 0 \qquad (3 \cdot 31)$$

である. この時,

$$c_c = 2\sqrt{mk} \qquad (3 \cdot 32)$$

とおいて, c_c を**臨界減衰係数**
(critical damping coefficient) と
呼ぶ. 粘性減衰係数 c がこの c_c
の値に対して, 大きいか小さいか
によって, おもりの運動の様子が
違ってくる.

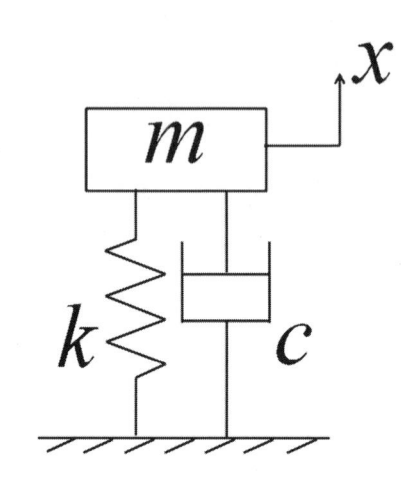

図 3・9　1 自由度減衰自由振動系

　(a) $c < c_c$ の場合

　この時は, 式 (3・30) の $\sqrt{}$ の中は負になるので, 式を次のように表す.

$$s = \frac{-c \pm j\sqrt{c^2 - 4mk}}{2m}$$

$$= -a \pm jb \qquad (3 \cdot 33)$$

ここで, j は虚数単位, $a = c/2m$, $b = \sqrt{c^2 - 4mk}/2m$ である.

　したがって,

$$x = e^{(-a \pm jb)t} \qquad (3 \cdot 34)$$

となる. ここで, オイラーの公式を使って変形すると,

$$x = e^{-at}\{\cos(bt) \pm j\sin(bt)\} \qquad (3 \cdot 35)$$

が得られる.

　したがって, 実数で基本解を表すと,

$$x_1 = e^{-at}\cos(bt) \qquad (3 \cdot 36)$$

または,

$$x_2 = e^{-at}\sin(bt) \tag{3・37}$$

となる．よって，一般解の形は，

$$x = A_1 e^{-at}\cos(bt) + A_2 e^{-at}\sin(bt)$$
$$= A e^{-at}\cos(bt - \phi) \tag{3・38}$$

である．ここで，A_1とA_2は初期条件で決まる係数であり，

$$A = \sqrt{A_1{}^2 + A_2{}^2} \tag{3・39}$$

$$\phi = \tan^{-1}\left(\frac{A_2}{A_1}\right) \tag{3・40}$$

である．

　式の形を見ると，基本は正弦波であるので運動は振動となる．そして，振幅の部分は a が正の値であるから，単調減少となる．よって，おもりを少し上に引っ張ってから，離したあとの運動の様子は，**図 3・10(a)**のようになる．

　つまり，このモデルでは，外乱によって生じた振動が，時間がたつにつれて徐々に減衰していく，一般的な減衰振動のパターンとなっている．

　(b) $c = c_c$ の場合

　この時は，式 (3・30) の $\sqrt{}$ の中はゼロになるので，次のようになる．

$$s = -\frac{c}{2m}$$
$$= -a \tag{3・41}$$

したがって，一般解は e^{-at} と te^{-at} の2つが候補となるので，

$$x = C_1 e^{-at} + C_2 te^{-at}$$
$$= \frac{C_1 + C_2 t}{e^{at}} \tag{3・42}$$

となる．C_1 と C_2 は初期条件で決まる係数である．

　式の形を見ると振動を表しておらず，しかも，分母のほうが分子に比べて，時間が経つにつれて，より大きな値となっていくので，x はゼロに近づく．

　よって，運動の様子は，**図 3・10(b)**のようになる．

(c) $c > c_c$ の場合

この時は，式 (3・30) の $\sqrt{}$ の中は正になるので，次のように表す．

$$s = \frac{-c \pm \sqrt{c^2 - 4mk}}{2m}$$

$$= -a \pm b \tag{3・43}$$

したがって，x は，

$$x = e^{(-a \pm b)t} \tag{3・44}$$

となるから，一般解は，

$$x = C_1 e^{(-a+b)t} + C_2 e^{(-a-b)t}$$

$$= \frac{C_1 e^{bt} + C_2 e^{-bt}}{e^{at}} \tag{3・45}$$

である．C_1 と C_2 は初期条件で決まる係数である．ここで，$1 \geqq e^{-bt} > 0$，a と b では，a のほうが常に大きいから，x は時間が経つにつれてゼロに近づく．しかし，式 (3・42) の t の一次関数の形の分子よりは，式 (3・45) の t の指数関数の形の分子の値のほうが大きいから，ゼロ近傍に近づく時間は，式 (3・42) より多くかかる．

　よって，運動の様子は，**図 3・10**(c) のようになる．このモデルでは，外乱によって生じた変位が，時間がたつにつれて徐々にもとの位置に戻っていくが，その戻りは遅く，なかなか初期位置近辺に達することがないパターンとなっている．

　現実のシステムでは，ダンパや摩擦が存在しない機械は皆無に等しい．したがって，解析モデルをより現実に合わせるためには，この減衰要素が加わった，減衰自由振動が実システムにより近いモデルである．

　減衰が加わると，振動に対してはブレーキの効果があるため，振動は徐々に小さくなり，やがてはなくなる．

　例えば，車やバイクのサスペンションにオイルダンパが付いているのは，このためである．

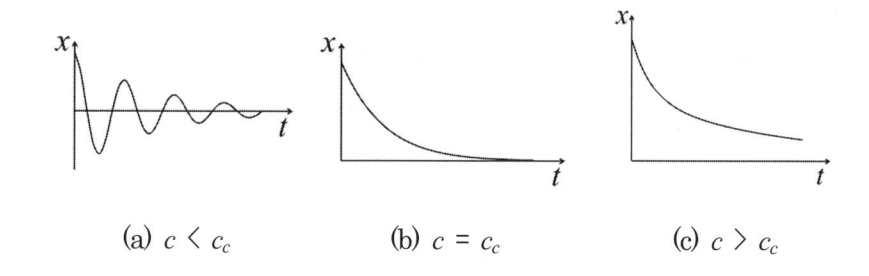

(a) $c < c_c$　　　　(b) $c = c_c$　　　　(c) $c > c_c$

図 3・10　減衰自由振動における応答の違い

　しかし，振動が低減されるのなら，ということで，不適切な強さのダンパを付けてしまうと，必ずしもサスペンションとしての最適な機能を果たさなくなるのである．それは，ダンパの効果の強弱で，振動系の運動の様子が変わってくるからである．

　運動の様子は，図 3・10 のように大きく 3 つに分かれていた．

　1 番目のケースは，一つの例としては，ダンパの効果が小さい場合で，往復運度を繰り返しながら，その振幅がだんだん小さくなってくパターンである．これが，サスペンションの特性として望ましい．

　2 番目のケースは，ダンパの効果を大きくしていって，ある強さのところに達したときである．この時は，もはや往復運動は生じずに，徐々にもとに位置に戻ろうとしていき，最短時間でもとの位置付近に戻るパターンである．このような動きは，乗り心地があまりよくないので，サスペンションとしては使えない．一方，アナログメータで，針の動きをコントロールするために，ばねとダンパを使っている場合は，振動しないということで，このケースが利用されている．

　3 番目のケースは，さらに，ダンパの効果を大きくすると，運動パターンは 2 番目と同じであるが，元の位置への戻りがさらに遅くなり，もとの位置付近

に達するのに，非常に多くの時間がかかってしまう．

【例題 3・3】

図 3・5 のサスペンションタイプにおいて，質量 $m = 250$ [kg]，ばね定数 k = 100,000 [N·m^{-1}] であったとする．この系の固有円振動数，固有振動数，固有周期はそれぞれいくらになるか．

[解答]　式 (3・12) より，固有円振動数 ω_n は，$\omega_n = \sqrt{k/m}$　で求められるので，SI 単位系に注意して，

$$\omega_n = \sqrt{k/m} = \sqrt{100,000\,[\,\text{N·m}^{-1}\,]/250\,[\,\text{kg}\,]} = 20\,[\,\text{rad·s}^{-1}\,]$$

と計算される．また，式 (3・22) と式 (3・23) より，固有振動数 f_n と固有周期 T_n は，

$$f_n = \omega_n/2\pi = 20\,[\,\text{rad·s}^{-1}\,]/2\pi = 3.18\,[\,\text{Hz}\,]$$

$$T_n = 1/f_n = 0.314\,[\,\text{s}\,]$$

と計算される．

3・2・4　1 自由度系の強制振動

つぎに，強制振動について詳しく説明する．前項で学んだ自由振動系は，振動システムの固有振動数などの振動特性を調べるのに適したモデルであった．一方，ここで学ぶ強制振動系は，外乱による機械システムの影響を調べるため，実際の運転時に対応したモデルとなっている．

(1)　減衰強制振動

振動系へ外乱が加わった場合の，振動特性を解析する．

図 3・2 の系の運動方程式は，

$$m\ddot{x} + c\dot{x} + kx = f(t) \tag{3・46}$$

となる．ここで，$f(t)$ はおもりに働く励振力である．

概要で説明したように，強制振動系のシステムの特性は共振曲線によって表される．そこで，共振曲線を描くために，この運動方程式の解を求める．外力 $f(t)$ に対して解析しやすいように，

$$f(t) = F\cos(\omega t) \tag{3・47}$$

という，正弦波の形を仮定する．F は振幅，ω は円振動数である．

ここでは，振動運動を取り上げるので，解の形を，

$$x = A\cos(\omega t) + B\sin(\omega t) \tag{3・48}$$

と仮定する．これを運動方程式に代入すると，

$$\{(k - m\omega^2)A + c\omega B\}\cos(\omega t)$$
$$+\{-c\omega A + (k - m\omega^2)B\}\sin(\omega t) = F\cos(\omega t) \tag{3・49}$$

となる．$\cos(\omega t)$ と $\sin(\omega t)$ それぞれの係数が，右辺と左辺で等しくなければならないから，

$$\left(k - m\omega^2\right)A + c\omega B = F$$
$$-c\omega A + \left(k - m\omega^2\right)B = 0 \tag{3・50}$$

となる．これより，

$$A = \frac{(k - m\omega^2)F}{(k - m\omega^2)^2 + (c\omega)^2}$$

$$= C_1 \frac{F}{D} \tag{3・51}$$

$$B = \frac{(c\omega)F}{(k - m\omega^2)^2 + (c\omega)^2}$$

$$= C_2 \frac{F}{D} \tag{3・52}$$

が得られる．したがって，

$$x = \frac{C_1}{D} \times F \times \cos(\omega t) + \frac{C_2}{D} \times F \times \sin(\omega t) \tag{3・53}$$

となる．これを 1 つにまとめるため，

$$x = G\cos(\omega t - \phi) \tag{3・54}$$

とおくと，

$$x = G\cos(\omega t)\cos\phi + G\sin(\omega t)\sin\phi \tag{3・55}$$

と展開できるから，式 (3・53) と式 (3・55) を比較して，

$$\frac{C_1}{D} \times F = G\cos\phi \qquad (3\cdot56)$$

$$\frac{C_2}{D} \times F = G\sin\phi \qquad (3\cdot57)$$

となる．したがって，両辺を二乗して、2 つの式を足すことで，

$$\frac{C_1{}^2 + C_2{}^2}{D^2} \times F^2 = G^2\left(\cos^2\phi + \sin^2\phi\right) \qquad (3\cdot58)$$

であるから，

$$x = \frac{F}{\sqrt{D}} \times \cos(\omega t - \phi) \qquad (3\cdot59)$$

$$\phi = \tan^{-1}\frac{c\omega}{k - m\omega^2} \qquad (3\cdot60)$$

が得られる．これが，正弦波励振力が加わった場合の，図 3・2 の振動系の応答である．

(2) 共振曲線

つぎに，正弦波励振力が加わった場合の振動特性を表す共振曲線を描く．式 (3・59) をつぎのように書き換える．

$$x = X\cos(\omega t - \phi) \qquad (3\cdot61)$$

ただし，

$$X = \frac{X_0}{\sqrt{\{1 - (\frac{\omega}{\omega_n})^2\}^2 + (2\zeta\frac{\omega}{\omega_n})^2}} \qquad (3\cdot62)$$

$$\phi = \tan^{-1}\frac{2\zeta\frac{\omega}{\omega_n}}{1 - (\frac{\omega}{\omega_n})^2} \qquad (3\cdot63)$$

$$X_0 = \frac{F}{k} \tag{3・64}$$

$$\omega_n = \sqrt{\frac{k}{m}} \tag{3・65}$$

$$\zeta = \frac{c}{2\sqrt{mk}} \tag{3・66}$$

である. ここで, X_0 は力 F が静かに加わったときの, おもりの変位である. また, ζ は $\zeta = c/c_c$ とも表されるので, **減衰比**（damping ratio）と呼ばれている. また, ϕ は**位相遅れ**（phase delay）と呼ばれている. そこで, 式（3・62）, （3・63）より,

$$\frac{X}{X_0} = \frac{1}{\sqrt{\left(1 - W^2\right)^2 + (2\zeta W)^2}} \tag{3・67}$$

$$\phi = \tan^{-1} \frac{2\zeta W}{(1 - W)^2} \tag{3・68}$$

が得られる. ただし, $W = \omega/\omega_n$ とした.

つぎに, この2つの式を使って2つのグラフを描く. それぞれの式で, W を1つ与えると, X/X_0 と ϕ の値が1つ計算されるので, それを繰り返してデータセットを作る.

横軸を2つのグラフとも W に, そして, 縦軸を X/X_0 と ϕ にとった座標軸上でデータセットをプロットすると, **図3・11** と **3・12** が得られる.

この例では, 振幅と位相遅れともにグラフが2本描かれているが, これは, ζ の値の違いによるもので, ζ はダンパとばねの影響の比である. したがって, 値が小さいときは, 相対的にダンパの力, つまりブレーキ力が弱く, 逆に大きいときは, ブレーキ力が強い場合と考えてよい.

　このグラフは，横軸が励振力の振動の速さを表しているので，左のほうが速度が遅く，右のほうが速度が速い．そのことを踏まえて，このグラフからわかる振動特性は，つぎのようにまとめることができる．

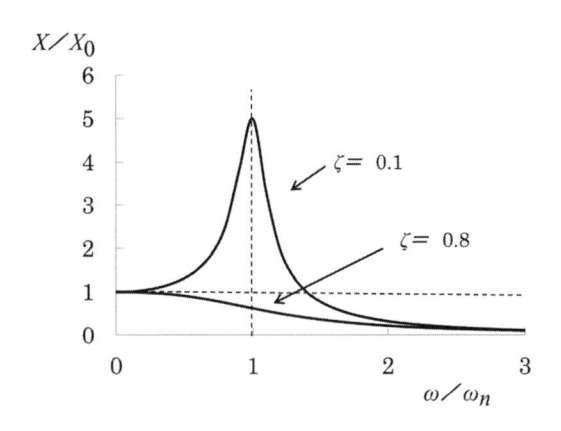

図 3・11　共振曲線（振幅）

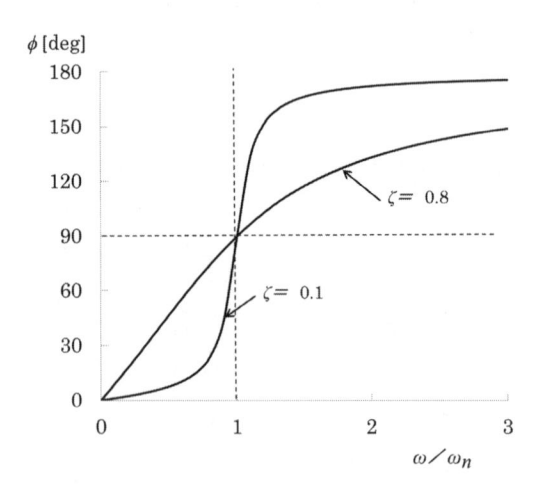

図 3・12　共振曲線（位相遅れ）

(a) 励振力の振動速度が遅いときは, おもりの振幅は, X_0 とほぼ同じである. 励振力の変化に対する, おもりの反応の遅れを表す位相遅れ ϕ も, ほぼ 0 [deg] であり遅れは小さい.

(b) 励振力の速度が系の固有円振動数付近になると ($W = 1$ 付近), おもりの振幅は最大となる. この付近は, ばねの変形が非常に大きくなり, 場合によっては破断する, 危険な領域である. また, 位相遅れは 90 [deg] 付近で, 励振力に対して, 1/4 周期の遅れとなっている. この現象を**共振**（resonance）という.

(c) さらに励振力の速度が速くなると, おもりの反応はどんどん小さくなっていく. つまり, 振動が遮断される形になる. そして, 位相遅れは 180 [deg] に近づいていくので, 励振力に対して半周期の遅れとなっていく.

３・２・５ 実　用　例

つぎに, 強制振動特性を生かした, 実システムの例を説明する.

(1) サスペンション(遮断域を利用する)

自動車は道路を走るとき, 道路の凹凸から位置変位の外乱として影響を受ける. そこで, この外乱振動をなるべく遮断するために, サスペンションという装置を介して, タイヤとボディーをつないで, ここで振動を受け止めている.

このサスペンションを設計してみる. 1つのサスペンションを取り上げ, **図 3・13** のようにモデル化する. 車体に相当するおもり, サスペンション

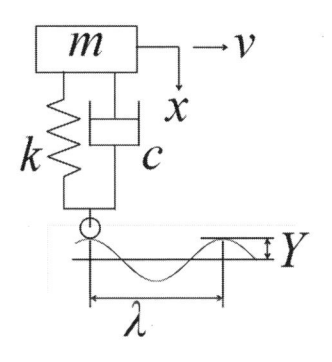

図 3・13　サスペンションモデル

のばねとオイルダンパが一つずつ取り付けられている．車体の 1/4 の質量を m, ばね定数を k, 粘性減衰係数を c とする．また，x 座標系を設定する．

　道路の凹凸のモデルは，解析しやすいように正弦波でモデル化する．ここで，凹凸の波長を λ, 振幅を Y とする．

　今，車が v の一定速度で右方向に走っているとする．すると，単位時間で車は，道路の凹凸の波をいくつ通過するか求めると，v/λ となる．これが，単位時間当たりの波の繰り返し数になるから振動数である．したがって，円振動数 ω は，$\omega = 2\pi v/\lambda$ と計算される．

　道路の凹凸を cos 関数で表すと，

$$y(t) = Y\cos(\omega t) = Y\cos(\frac{2\pi v}{\lambda}t) \tag{3・69}$$

となる．

　したがって，図 3・13 に対して，運動方程式を求めると，

$$m\ddot{x} + c(\dot{x} - \dot{y}) + k(x - y) = 0 \tag{3・70}$$

と求まる．書き直すと，

$$m\ddot{x} + c\dot{x} + kx = c\dot{y} + ky \tag{3・71}$$

である．さらに，式 (3・69) を代入して，

$$m\ddot{x} + c\dot{x} + kx = -cY\omega\sin(\omega t) + kY\cos(\omega t) \tag{3・72}$$

となる．

　つぎに，式 (3・67) を参考にして，先に共振曲線を求めた時と同様の計算をおこなうことで，以下の式が得られる．

$$\frac{X}{Y} = \sqrt{\frac{1 + (2\zeta W)^2}{(1 - W^2)^2 + (2\zeta W)^2}} \tag{3・73}$$

　これよりサスペンションの共振曲線を描くと，**図 3・14** のようになる．この図において，左側の通過域では，ボディ（おもり）の振幅が道路の凹凸の振幅と同等か拡大される．この時の，横軸の幅は，$0 < \omega/\omega_n < \sqrt{2}$ であるから，$\omega = 2\pi v/\lambda$ を用いると，$0 < v < \omega_n\lambda/(\sqrt{2}\pi)$ と変形できる．したがって，

この低速度帯では，道路の凹凸が車体にほぼそのまま伝わる．

　一方，高速度帯では右側の遮断域となり，車体に伝わる道路の凹凸が縮小される．実際に車に乗っていても，サスペンションが働くのは速度が速くなってからであり，ゆっくりとしたスピードの時は，段差や砂利の影響がそのまま伝わるのは，よく経験することである．

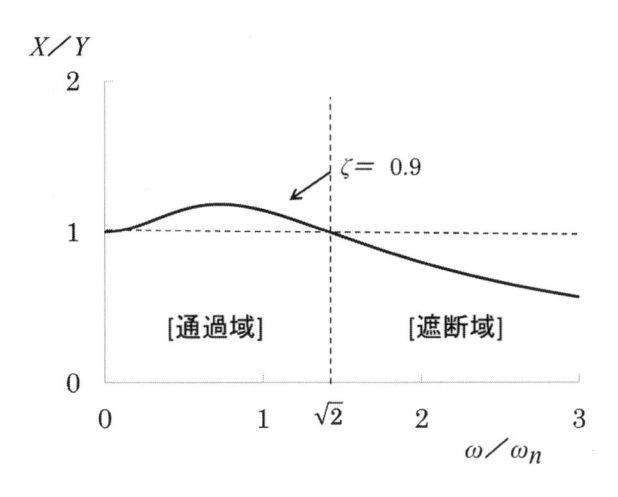

図 3・14　サスペンションの共振曲線

　そこで，サスペンションの設計では，この通過域をできるだけ狭くするために，固有円振動数 ω_n をあまり大きくしないほうがよい．また，ダンパの粘性減衰係数に対しては，段差に乗り上げた後，早く振動が収まるように，減衰比 ζ を 1 以下でなるべく 1 に近い値を設定したほうがよい．

　(2) 加速度計(通過域を利用する)

　今度は，振動を積極的に取り込む例を説明する．取り上げるのは，振動解析になくてはならない振動計のうちの加速度計である．これは，機械システムの

さまざまな場所に取り付けて，機械が運転中に発生している振動を計測するセンサの1つである.

　加速度計にはさまざまなタイプがあるが1つの構造は，**図3・15** のように，ばねの先におもりがついた，片持ちはりの構造を有する1自由度振動システムとなっている. ここで，x と y は空間に固定された絶対座標系を設定している. したがって，振動の情報はおもりの，ケースに対する相対変位を計測することで得ることができる.

　そこで，この振動系の運動方程式を求めると，

$$m\ddot{x} + c(\dot{x} - \dot{y}) + k(x - y) = 0 \tag{3・74}$$

である. ここで，センサの信号は，ケースに対するおもりの変位を計測して得られるので，それを z とすると，

$$z = x - y \tag{3・75}$$

である. したがって，運動方程式は，

$$m\ddot{z} + c\dot{z} + kz = -m\ddot{y} \tag{3・76}$$

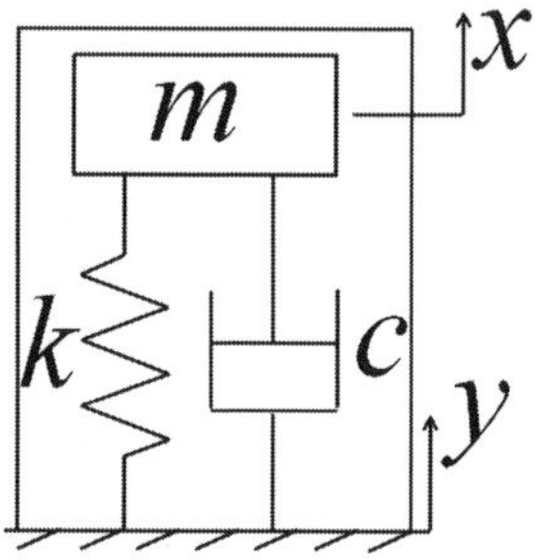

図3・15　加速度センサ

である. そこで，ケースの振動を，

$$y = Y\cos(\omega t) \tag{3・77}$$

と正弦波で表すと，その加速度は，

$$\ddot{y} = -\omega^2 Y\cos(\omega t) \tag{3・78}$$

であるから，これを式 (3・76) に代入すると，

$$m\ddot{z} + c\dot{z} + kz = m\omega^2 Y\cos(\omega t) \tag{3・79}$$

が得られる. ここで，また，

$$z = A\cos(\omega t) + B\sin(\omega t) \tag{3・80}$$

と仮定して，式 (3・79) に代入すると，式 (3・67) を導出したのと同様な計算により，

$$\frac{Z}{Y} = \frac{W^2}{\sqrt{(1 - W^2)^2 + (2\zeta W)^2}} \tag{3・81}$$

が得られる．この式を，センサ値の振幅Zと加速度の振幅 $\omega^2 Y$ との比の形式に変形すると，

$$\frac{Z}{\omega^2 Y} = \frac{1}{\omega_n{}^2 \sqrt{\left(1 - W^2\right)^2 + (2\zeta W)^2}} \tag{3・82}$$

となる．これより，右辺を用いて加速度計の共振曲線を描くと，**図3・16** のようになる．ここで，減衰比ζは加速度計の動作特性として好ましい 0.7 を用いた．

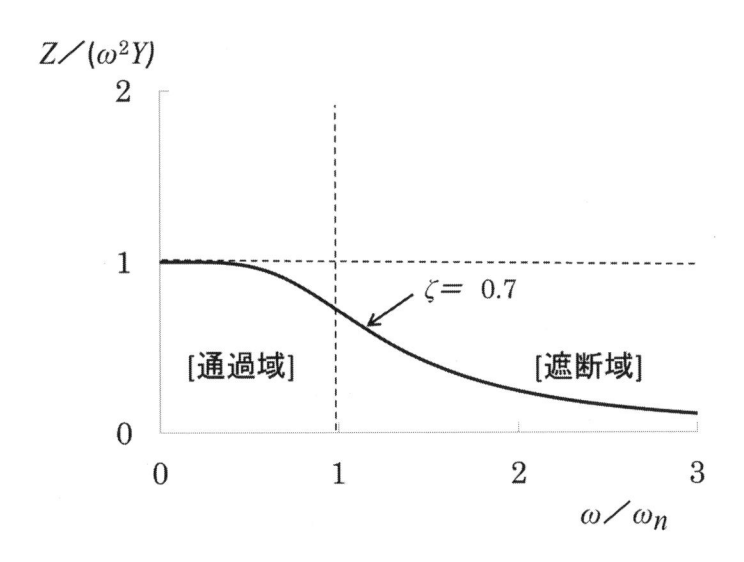

図3・16 加速度計の共振曲線

今度は，通過域の中で，加速度振幅がそのままセンサ値となる振幅比1の帯域の加速度測るために使うことをすればよい．また，加速度センサの固有振動数を高くすれば，測定可能な帯域を広げることができる．

このように，サスペンションとは逆に，加速度計は振動が通過できる領域を積極的に利用している例である．

【EPISODE】

固有振動数とは，振幅が非常に大きくなり，なかなか減衰しにくい振動速度である．機械にとっては，やっかいな振動であり，できるだけ減衰させることを考える．しかし，音もまた空気の振動であり，こちらは固有振動数を活用する．楽器を奏でることもそうであるし，われわれの声も恩恵を受けている．

演 習 問 題 3

【3・1】つぎの［rad/s］の数値を［Hz］に，［Hz］の数値を［rad/s］に変換せよ.

(1)15［rad/s］(2) 30［rad/s］(3) 15［Hz］(4) 30［Hz］

【3・2】つぎの振動数および円振動数の数値を周期に変換せよ.

(1)7［rad/s］(2) 14［rad/s］(3) 7［Hz］(4) 14［Hz］

【3・3】図3・5のモデルで表されるサスペンションにおいて，質量 $m = 300$［kg］，ばね定数 $k = 400,000$［N·m^{-1}］であったとする．この系の固有円振動数，固有振動数，固有周期はそれぞれいくらになるか.

【3・4】図3・6のモデルで表される飛行機の翼において，質量 $m = 30$［kg］，長さ $\ell = 1$［m］，曲げ剛性 $EI = 28.6$［kPa·m^4］であったとする．この系の固有円振動数，固有振動数，固有周期はそれぞれいくらになるか.

【3・5】図3・7のモデルで表されるモータ軸において，慣性モーメント $I = 0.002$［kg·m^2］，長さ $\ell = 300$［mm］、直径 $d = 12$［mm］，横弾性係数 $G = 76.4$［GPa］であったとする．この系の固有円振動数，固有振動数，固有周期はそれぞれいくらになるか.

【3・6】図3・8のモデルで表されるクレーンで，荷物の質量 $m = 100$［kg］，長さ $\ell = 20$［m］であったとする．この系の固有円振動数，固有振動数，固有周期はそれぞれいくらになるか．ただし，重力加速度 $g = 9.8$［m/s^2］とする.

【3・7】軽自動車のサスペンションを設計したい．道路からの5［Hz］以上の振動が変位拡大されて車体に伝わるのを防ぐためように，サスペンションのばね定数 k の範囲を設計せよ．ただし，1つのサスペンションにかかる車体質量を 200［kg］とする.

【3・8】演習問題 3・7 において，今度はダンプカーのサスペンションの場合はどうなるか設計せよ．ただし，1 つのサスペンションにかかる車体質量を 5［t］とする.

【3・9】加速度計を設計する．20 [Hz] までの振動を計測したい場合，加速度計のばね定数 k をいくらにすればよいか．ただし，加速度計のおもりの質量 $m = 50$ [g]とし，図3・16の共振曲線において，ω/ω_n が0.5の領域までを利用するものとする．

第4章　集中質量モデルの発展

　第3章では，振動系の基本モデルである1自由度系の振動モデルについて学んだ．しかし，実際の機械システムは複雑であり，1自由度振動モデル1つだけで，さまざまなシステムの振動解析をおこなうことは難しい．そこで，この章ではこの基本モデルを複数組み合わせて，実際のシステムにより近づける方法について説明する．

【このポイントを押えよう】
　○多自由度集中質量モデルについて理解しよう．
　○振動解析において，固有振動数とともに重要なパラメータとなっている固有振動モードについて学ぼう．

4・1　2自由度系の自由振動

4・1・1　固有振動数の導出

　振動の基本要素が，慣性・減衰性・復元性であることを学んだ．そこで，この3要素が，機械システムのいたるところにいくつも存在するという考え方で，複雑なシステムを近似するモデルが利用される．

　ここでは，その基本モデルとなる2自由度系の自由振動について見てみる．図4・1のようにおもりが2つと，ばねが3つ直列に結合された非減衰のモデルを考える．減衰性と外部から働く励振力については，ここでは簡単化のために省略する．

　この系は，各おもりが上下方向に振動するので，おもり1つに対して1自由度となり，全体ではその合計として2自由度となる．

　この系の運動方程式は，

$$m\ddot{x}_1 + kx_1 + k(x_1 - x_2) = 0$$
$$m\ddot{x}_2 + k(x_2 - x_1) + kx_2 = 0 \tag{4・1}$$

と導出される.

つぎに, この方程式を解いて, 固有振動数を求めるが, 1自由度系の時と同様に, 解の形を仮定して運動方程式に代入して求めていく. ただし, 今度は式が連立となっているので, この形に対応した導出手順を考える必要がある.

まず, それぞれの振動の解の形を以下のように仮定する.

$$x_1 = u_1 \cos(\omega t - \phi)$$
$$x_2 = u_2 \cos(\omega t - \phi) \tag{4・2}$$

ここで, ω や ϕ は異なるものを仮定しても, 最後は同じものが得られるので同一とした. ϕ は位相遅れである.

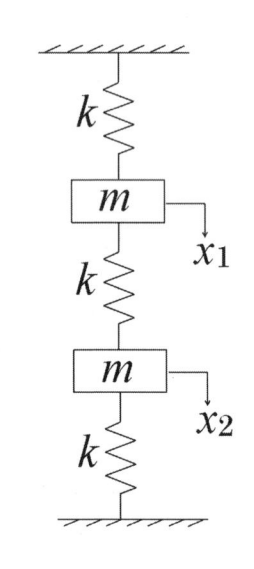

図 4・1　2自由度非減衰振動系

つぎに, この2式を式 (4・1) に代入して, cos 関数を共通項として外に出して整理すると,

$$\{(2k - m\omega^2)u_1 - ku_2\}\cos(\omega t - \phi) = 0$$
$$\{-ku_1 + (2k - m\omega^2)u_2\}\cos(\omega t - \phi) = 0 \tag{4・3}$$

となる.

さらに, 2つの式から cos 関数を消去すると,

$$(2k - m\omega^2)u_1 - ku_2 = 0$$
$$-ku_1 + (2k - m\omega^2)u_2 = 0 \tag{4・4}$$

が得られる. 最終的には ω や ϕ を求めたいが, ここでは, もう一つのパラメータである振幅に着目する. 式 (4・4) は, u_1 と u_2 についての連立方程式に

なっている.

そこで,この方程式を解くために,ベクトル・行列の形に表してみると以下のようになる.

$$\begin{bmatrix} 2k - m\omega^2 & -k \\ -k & 2k - m\omega^2 \end{bmatrix} \begin{pmatrix} u_1 \\ u_2 \end{pmatrix} = \begin{pmatrix} 0 \\ 0 \end{pmatrix} \tag{4・5}$$

これを,$Au = 0$ と表す.振幅ベクトル u を求めるためには,両辺左から u の係数行列 A の逆行列 A^{-1} をかけると求まる.

しかし,その結果は $u = 0$ となってしまい,これは振動しない解となる.したがって,$u = 0$ 以外の解を求める必要がある.

そこで,そのための条件として,逆行列 A^{-1} が存在しない場合を考える.これは,行列 A の行列式 $|A| = 0$ という条件によって実現される.そこで,式 (4・5) から,

$$\begin{vmatrix} 2k - m\omega^2 & -k \\ -k & 2k - m\omega^2 \end{vmatrix} = 0 \tag{4・6}$$

が得られる.この式を**振動数方程式**(frequency equation)と呼んでいる.

実際にこの行列式を計算すると,

$$\left(2k - m\omega^2 \right)\left(2k - m\omega^2 \right) - k^2 = 0 \tag{4・7}$$

となり,さらに変形すると,

$$m^2\omega^4 - 4km\omega^2 + 3k^2 = 0 \tag{4・8}$$

が求まる.

ここで,$W = \omega^2$ と置いて式を整理すると,

$$m^2 W^2 - 4kmW + 3k^2 = 0 \tag{4・9}$$

となる.これは,W についての二次方程式であるから,解の公式を使うと,

$$W = \begin{cases} \dfrac{k}{m} \\ \dfrac{3k}{m} \end{cases} \tag{4・10}$$

が得られる.

したがって，ω は，

$$\omega = \begin{cases} \sqrt{\dfrac{k}{m}} \\[2em] \sqrt{\dfrac{3k}{m}} \end{cases} \tag{4・11}$$

となり，2つ求まることになる．

ここで，値の小さいほうから，ω_1，ω_2 として，ω_1 を1次の固有円振動数，ω_2 を2次の固有円振動数と呼ぶ．

また，$f_1 = \omega_1/(2\pi)$，$f_2 = \omega_2/(2\pi)$ をそれぞれ1次の固有振動数，2次の固有振動数，そして，$T_1 = 1/f_1$，$T_2 = 1/f_2$ を1次の周期，2次の周期と呼ぶ．

つまり，2自由度振動系では，危険な速度が2つ存在することになる．さらに複雑なシステムに対応して自由度が増えてくると，自由度の数だけ固有円振動数が存在することになる．例えば，10自由度振動系に対しては，1次の固有円振動数から10次の固有円振動数まで現れる．

ただし，実際のシステムでは高周波になるほど減衰も速くなるので，着目するのは，1次と2次の固有円振動数の場合が多い．

ここで，2自由度振動系の固有円振動数を求める手順をまとめておくと，つぎのようになる．

─2自由度振動系の固有円振動数の導出手順─
(1) 系の運動方程式を求める．
(2) 解の形を $x_i = u_i \cos(\omega t - \phi)$ と仮定して，運動方程式に代入する．ただし $(i = 1, 2)$．
(3) u_i に関する連立方程式の形を導く．
(4) u_i の係数で要素が構成される係数行列に対して，その行列式をゼロと置いた振動数方程式を導出する．
(5) 振動数方程式を解いて，系の固有円振動数 ω_i を求める．

4・1・2　振動モードの導出

さて，式 (4・2) における残りのパラメータを導出する．まず，固有円振動数が求まったのでそれを代入する．最初に ω_1 を使うと，

$$\left(2k - m\omega_1{}^2\right)u_1{}^{(1)} - ku_2{}^{(1)} = 0$$
$$-ku_1{}^{(1)} + \left(2k - m\omega_1{}^2\right)u_2{}^{(1)} = 0 \qquad (4\cdot12)$$

と表されるが，$u_1{}^{(1)}$ と $u_2{}^{(1)}$ が一意的に求まらないことがわかる．

そこで，各式において，以下の比をとると，

$$\frac{u_2{}^{(1)}}{u_1{}^{(1)}} = \frac{2k - m\omega_1{}^2}{k} = \frac{k}{2k - m\omega_1{}^2} = r_1 \qquad (4\cdot13)$$

となる．実際に式 (4・11) の ω_1 を代入すると，

$$r_1 = 1 \qquad (4\cdot14)$$

となる．

したがって，$u_1{}^{(1)} = u_2{}^{(1)}$ という関係が得られる．この条件を満たせば，$u_1{}^{(1)}$ と $u_2{}^{(1)}$ はどんな値もとれるので，式を簡単にするために $u_1{}^{(1)} = 1$ と設定する．

すると，x_1 と x_2 は，

$$x_1{}^{(1)} = \cos\left(\omega_1 t - \phi_1\right)$$
$$x_2{}^{(1)} = \cos\left(\omega_1 t - \phi_1\right) \qquad (4\cdot15)$$

が得られる．初期位相角 ϕ_1 は，時刻ゼロのときのおもりの位置である初期条件を使って導かれる．

このように振幅の組み合わせが，ある条件のもとで，複数とれる形ものを固有振動と呼ぶ．そして，振幅ベクトル，

$$\begin{Bmatrix}1\\1\end{Bmatrix} \qquad (4\cdot16)$$

を 1 次の**固有振動モード**（natural mode of vibration）呼ぶ．

同様にして，今度は ω_2 を代入して，比を求めると，

$$\frac{u_2{}^{(2)}}{u_1{}^{(2)}} = \frac{2k - m\omega_2{}^2}{k} = \frac{k}{2k - m\omega_2{}^2} = r_2 \qquad (4\cdot17)$$

が得られる．実際に式 (4・11) の ω_2 を代入すると，

$$r_2 = -1 \tag{4・18}$$

となる．

したがって，今度は $u_1{}^{(2)} = -u_2{}^{(2)}$ という関係が得られる．この条件を満たせば，$u_1{}^{(2)}$ と $u_2{}^{(2)}$ はどんな値もとれるので，式を簡単にするために $u_1{}^{(2)} = 1$ と設定する．

すると，x_1 と x_2 は，

$$
\begin{aligned}
x_1^{(2)} &= \cos(\omega_2 t - \phi_2) \\
x_2^{(2)} &= -\cos(\omega_2 t - \phi_2)
\end{aligned}
\tag{4・19}
$$

が得られる．初期位相角 ϕ_2 は，時刻ゼロのときのおもりの位置である初期条件を使って導かれる．

ここで，振幅ベクトル，

$$\left\{ \begin{array}{c} 1 \\ -1 \end{array} \right\} \tag{4・20}$$

を 2 次の固有振動モードと呼ぶ．

振動モードは振幅のことであるから，振動している時のおもり同士の運動の関係を示している．

今の場合，1 次の振動モードはお互いが同じ方向に動くことを示している．一方，2 次の振動モードはお互いが逆方向に動くことを示している．これを図で示すと，**図 4・2** のようになる．

(a)は 1 次の固有振動モードの状態であり，2 つのおもりが同位相で同じ距離動くことから，おもりの間のばねがまったく伸び縮みせず，あたかも 2 つのおもりが棒で固定されているように見える．

一方，(b)は 2 次の固有振動モードの状態であり，2 つのおもりが逆位相で同じ距離動くことから，あたかもおもりの間のばねが 2 つに分離され，間に仮想の壁が存在しているように見える．

振動モードは，このようにシステムが振動している時の運動の様子，つまりシステム各部の変形の様子を表している．このパラメータが重要なのは，変形

が大きくなるところはどこか，したがって，破断しやすいところはどこか，ということを検討するための情報を提供することである.

　図4・2で言えば，(a)の1次の振動では，真ん中のばねは伸び縮みしないので，破断することは考えにくい．一方，残りの2つのばねは常に伸び縮みしているので，時間が経つにつれて，破断する可能性が出てくる.

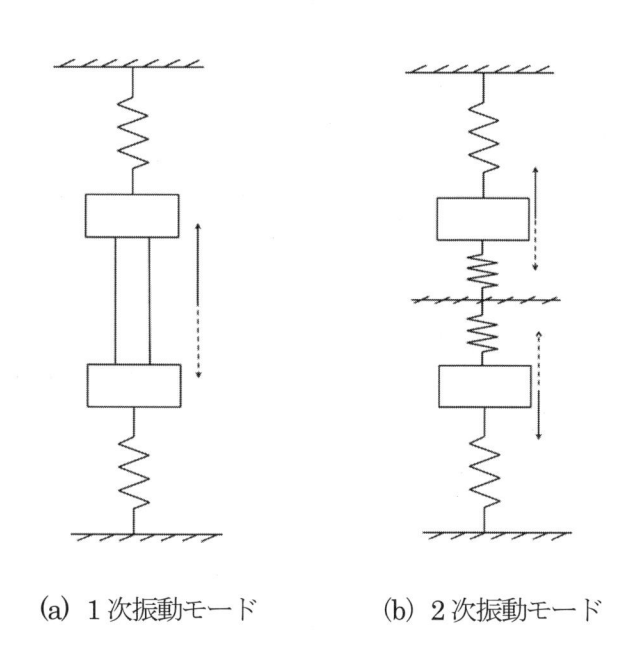

(a) 1次振動モード　　　　(b) 2次振動モード

図4・2　固有振動モード

　また，(b)の2次の振動では，3つのばねがすべて伸び縮みするので，3つとも破断の可能性が出てくる.

　このように，振動によって生じる破断や亀裂の場所の特定と，それに対する対策は設計において重要な検討項目であり，危険な速度である固有振動数に加

えて，その速さで振動している時の変形の様子を表す固有振動モードの2つの重要なパラメータを求めることが，振動解析の主たる目的である．

　固有振動モードについては，連続体モデルで考えると，よりわかりやすいので，つぎの第5章でさらに詳しく説明する．

4・2　2自由度系の強制振動

　2自由度系では，固有振動数が2つ存在することがわかった．では，共振曲線はどのようになるのだろうか．2自由度系の共振曲線を求めてみる．

　図4・3のような，2つのおもり，1つのダンパ，2つのばねで構成される2自由度系を考える．また，上のおもりに外力が働いている強制振動を考える．

　まず，この系の固有円振動数を求めてみる．そのため，ダンパと外力を除いた非減衰自由振動の場合の運動方程式を最初に求めてみると，以下のようになる．

$$m\ddot{x}_1 + kx_1 + k(x_1 - x_2) = 0$$
$$m\ddot{x}_2 + k(x_2 - x_1) = 0$$

$$(4・21)$$

解の形を，初期位相角を α として，

$$x_1 = u_1\cos(\omega t - \alpha)$$
$$x_2 = u_2\cos(\omega t - \alpha) \qquad (4・22)$$

と仮定して，運動方程式に代入すると，

$$(2k - m\omega^2)u_1 - ku_2 = 0$$
$$-ku_1 + (k - m\omega^2)u_2 = 0$$

$$(4・23)$$

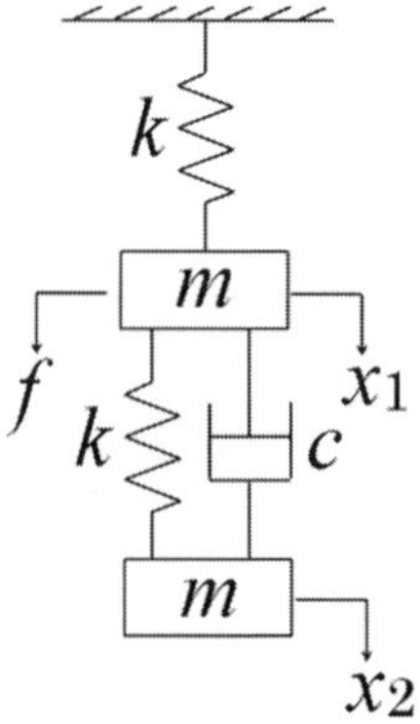

図4・3　2自由度減衰振動系

が得られる．したがって，振動数方程式は，

$$\begin{vmatrix} 2k - m\omega^2 & -k \\ -k & k - m\omega^2 \end{vmatrix} = 0 \qquad\qquad (4・24)$$

となる．これを解いて固有円振動数 ω を求めるが，例えば $m = 1\,[\text{kg}]$, $k = 1$ [N/m] とすると，

$$\omega = \begin{cases} 0.618\,[\text{ rad/s }] \\ 1.62\,[\text{ rad/s }] \end{cases} \tag{4・25}$$

が得られる．

つぎに，図 4・3 の系の運動方程式を導くと次の式が得られる．

$$m\ddot{x}_1 + c(\dot{x}_1 - \dot{x}_2) + kx_1 + k(x_1 - x_2) = f$$
$$m\ddot{x}_2 + c(\dot{x}_2 - \dot{x}_1) + k(x_2 - x_1) = 0 \tag{4・26}$$

外力 f に対して解析しやすいように，初期位相角をゼロとして，

$$f(t) = F\cos\omega t$$
$$= \operatorname{Re}Fe^{j\omega t} \tag{4・27}$$

という，正弦波の複素数表示の形を仮定する．ただし，j は虚数単位である．また，F は振幅，ω は円振動数である．

ここでは，振動運動を取り上げるので，計算を簡単にするために解の形を，

$$x_1 = \overline{X}_1 e^{j\omega t}$$
$$x_2 = \overline{X}_2 e^{j\omega t} \tag{4・28}$$

と，位相遅れを考慮した複素数の形を仮定する．$\overline{X}_1$ と $\overline{X}_2$ は複素振幅で，位相遅れが含まれている．この式の実部が解である．

これを運動方程式に代入すると，以下のようになる．

$$\left(2k - m\omega^2 + jc\omega\right)\overline{X}_1 - (k + jc\omega)\overline{X}_2 = F$$
$$-(k + jc\omega)\overline{X}_1 + \left(k - m\omega^2 + jc\omega\right)\overline{X}_2 = 0 \tag{4・29}$$

この2式より，$\overline{X}_1$ を求めるとつぎのようになる．

$$\overline{X}_1 = \frac{c_1 + jd_1}{a_1 + jb_1}F \tag{4・30}$$

ただし，

$$a_1 = k^2 - 3mk\omega^2 + m^2\omega^4$$
$$b_1 = ck\omega - 2mc\omega^3$$
$$c_1 = k - m\omega^2$$

$$d_1 = c\omega \tag{4・31}$$

である.

すると,

$$\overline{X}_1 = \frac{(c_1 + jd_1)F}{a_1 + jb_1} = \frac{(c_1 + jd_1)(a_1 - jb_1)F}{(a_1 + jb_1)(a_1 - jb_1)}$$

$$= \frac{(c_1 + jd_1)(a_1 - jb_1)F}{a_1{}^2 + b_1{}^2}$$

$$= \frac{(a_1 c_1 + b_1 d_1) + j(a_1 d_1 - b_1 c_1)}{a_1{}^2 + b_1{}^2}F \tag{4・32}$$

が求まる. ここで, 複素数を極座標で表示する場合,

$$z = x + jy \tag{4・33}$$

に対しては,

$$z = \sqrt{x^2 + y^2}\,\mathrm{e}^{j\theta} \tag{4・34}$$

$$\theta = \tan^{-1}\frac{y}{x} \tag{4・35}$$

となることを使って, $\overline{X}_1$ は,

$$\overline{X}_1 = \sqrt{\frac{(a_1 c_1 + b_1 d_1)^2}{(a_1{}^2 + b_1{}^2)^2} + \frac{(a_1 d_1 - b_1 c_1)^2}{(a_1{}^2 + b_1{}^2)^2}}\,F\mathrm{e}^{-j\phi_1}$$

$$= \sqrt{\frac{c_1{}^2 + d_1{}^2}{a_1{}^2 + b_1{}^2}}\,F\mathrm{e}^{-j\phi_1} \tag{4・36}$$

$$\phi_1 = \tan^{-1}\frac{b_1 c_1 - a_1 d_1}{a_1 c_1 + b_1 d_1} \tag{4・37}$$

と表されるから, x_1 は式 (4・28) より,

$$x_1 = \overline{X}_1 e^{j\omega t} = \sqrt{\frac{c_1{}^2 + d_1{}^2}{a_1{}^2 + b_1{}^2}} F e^{j(\omega t - \phi_1)}$$

$$= X_1 e^{j(\omega t - \phi_1)} \tag{4・38}$$

となる．ただし，$\overline{X}_1 = X_1 e^{-j\phi_1}$ である．

そこで，この $\overline{X}_1$ と式 (4・36) の $\overline{X}_1$ とを比較して得られる，

$$X_1 = \sqrt{\frac{c_1{}^2 + d_1{}^2}{a_1{}^2 + b_1{}^2}} F \tag{4・39}$$

と，力 F が上のおもりに静かにかかったときの，上のおもりの変位 $X_0 = F/k$ との比を求めると，

$$\frac{X_1}{X_0} = k \sqrt{\frac{c_1{}^2 + d_1{}^2}{a_1{}^2 + b_1{}^2}} \tag{4・40}$$

が得られる．

一方，式 (4・29) から，今度は $\overline{X}_2$ を求めるとつぎのようになる．

$$\overline{X}_2 = \frac{c_2 + jd_2}{a_2 + jb_2} F \tag{4・41}$$

ただし，

$$a_2 = k^3 - 4mk^2\omega^2 - c^2k\omega^2 + 4m^2k\omega^4 + 2mc^2\omega^4 - m^3\omega^6$$
$$b_2 = 2ck^2\omega - 6mck\omega^3 + 3m^2c\omega^5$$
$$c_2 = k^2 - km\omega^2 - c^2\omega^2$$
$$d_2 = 2ck\omega - cm\omega^3 \tag{4・42}$$

である．

したがって，x_2 は x_1 を求めた時と同様の計算をして，

$$x_2 = \sqrt{\frac{c_2{}^2 + d_2{}^2}{a_2{}^2 + b_2{}^2}} F e^{j(\omega t - \phi_2)}$$

$$= X_2 e^{j(\omega t - \phi_2)} \tag{4・43}$$

ただし,

$$\phi_2 = \tan^{-1} \frac{b_2 c_2 - a_2 d_2}{a_2 c_2 + b_2 d_2} \tag{4・44}$$

という形が得られる.

そこで,式 (4・39) を求めた時と同様の計算をして得られる,

$$X_2 = \sqrt{\frac{c_2{}^2 + d_2{}^2}{a_2{}^2 + b_2{}^2}} F \tag{4・45}$$

と,力 F が上のおもりに静かにかかったときの,上のおもりの変位 X_0 との比を求めると,

$$\frac{X_2}{X_0} = k \sqrt{\frac{c_2{}^2 + d_2{}^2}{a_2{}^2 + b_2{}^2}} \tag{4・46}$$

が得られる.

ここで,例えば $m = 1\,[\mathrm{kg}]$, $k = 1\,[\mathrm{N/m}]$, $c = 0.1\,[\mathrm{N \cdot s/m}]$ とおいて,式 (4・37), (4・40), (4・44), (4・46) を使って共振曲線を描くと,**図4・4**, **図4・5**, **図4・6** のようになる.ただし,横軸は,円振動数 ω に対して,上のおもりの質量 m と,天井との間のばねのばね定数 k を使って求まる $\omega_1 = \sqrt{k/m}$ との比をとっている.

図 4・4 は,外力による上のおもりの最大変位と,上のおもりの各円振動数での変位との関係を表している.2 自由度系であるので,系の固有円振動数が 2 つ存在することから,図中に 2 つの山(1 次の固有円振動数の位置である①と 2 次の固有円振動数の位置である②)が現れている.

図4・5は,外力による上のおもりの最大変位と,下のおもりの各円振動数

での変位との関係を表している. やはり図 4・4 と同じ円振動数①と②のところに, 系の固有円振動数を示す2つの山が現れている.

2自由度の共振曲線は, このような特徴となっている. さらに, 自由度が増えた系に対しては, 自由度の数だけ山が現れる共振曲線になる.

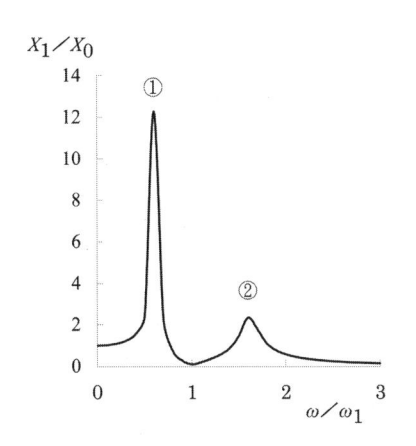

図 4・4 共振曲線(その1)

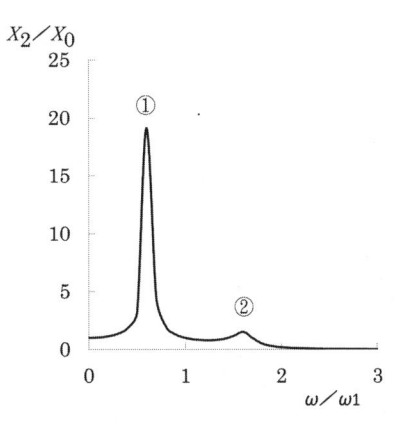

図 4・5 共振曲線(その2)

図4・6は, 2つの位相遅れ ϕ_1 と ϕ_2 を1つの座標平面で描いたものである. この図からは, この系の振動モードを推定することができる. 2つの位相遅れの値が近いところは, 2つのおもりが同位相に近い動きをしているところであり, ω/ω_1 ＝1 付近のように大きく離れているところは, 位相差の大きい

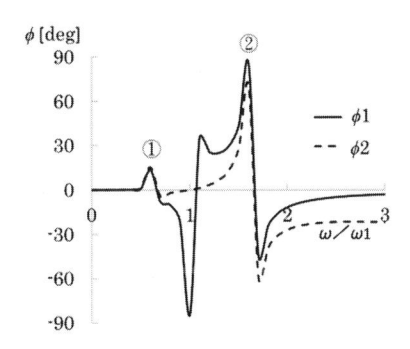

図 4・6 共振曲線(位相遅れ)

動きをしている．1 次の固有円振動数で振動している①のところでは，ϕ_1 と ϕ_2 の差は 1.9 [deg] となっていて，ほぼ同位相である．一方，2 次の固有円振動数で振動している②のところでは，差は 15 [deg] となっていて，2 つのおもりの相対位置のずれが 1 次よりも大きくなっている．

　ところで，図 4・3 のシステムは，動吸振器モデルを表している．**動吸振器**（dynamic damper）とは，おもり・ばね・ダンパ(省略される場合もある)で構成される部品であり，これを機械システムに付加して，システムの振動をこの部品が吸振することで，システムの振動を抑制することができる．

　図 4・3 では，上部のばねとおもりが機械システム，下部のおもり・ばね・ダンパが動吸振器を表している．図 4・4 を見ると，ω_1 がシステムの固有円振動数である．そして，$\omega = \omega_1$ のところで，ほぼ $X_1 = 0$ となっている．つまり，システムの固有円振動数の振動が抑制(この場合は消滅)されている．

　一方，図 4・5 を見ると，$\omega = \omega_1$ のところで，$X_2 = 0$ となっていない．ここでは，動吸振器は振動していることがわかる．つまり，機械システムの固有円振動数の振動を，動吸振器が吸振して動いている．

　また，図 4・6 を見ると，この時，機械システムの振動と動吸振器の振動は，約 1／4 周期の位相差の関係になっている．

　このように，動吸振器は構造が簡単で，しかもシステムに付加するだけで良いので，実用的な制振装置と言える．ただし，気を付けなければいけないのは，共振曲線を見ると，システムの固有円振動数以外のところで大きく振動するところがある(システムと動吸振器を合わせた 2 自由度系と見た場合の固有円振動数)．外部からこの振動数の外乱が加わり続けると，かえって危険な状態になるので，このような外乱が加わらないことを十分に検討しておく必要がある．

4・3　多自由度系の振動

4・3・1　自　由　振　動

これまで説明した 2 自由度系での解析方法は，3 自由度以上の系に対しても，

基本的に適用することができる. ただし, 自由度の数だけ式が現れるので, 複雑になってくる.

そこで, 多自由度系では行列・ベクトルの表現形式を使って, 扱いを簡単にすることがおこなわれているので, まず, そのことについて説明する.

N 自由度振動系の運動方程式は, 一般につぎのように求まる.

$$m_{11}\ddot{x}_1 + \cdots + m_{1N}\ddot{x}_N + c_{11}\dot{x}_1 + \cdots + c_{1N}\dot{x}_N$$
$$+ k_{11}x_1 + \cdots + k_{1N}x_N = f_1$$
$$\cdot$$
$$\cdot$$
$$\cdot$$
$$m_{N1}\ddot{x}_1 + \cdots + m_{NN}\ddot{x}_N + c_{N1}\dot{x}_1 + \cdots + c_{NN}\dot{x}_N$$
$$+ k_{N1}x_1 + \cdots + k_{NN}x_N = f_N \qquad (4・47)$$

これを, つぎのように表す.

$$[m]\langle\ddot{x}\rangle + [c]\langle\dot{x}\rangle + [k]\langle x\rangle = \langle f\rangle \qquad (4・48)$$

ここで, 各行列, ベクトルをつぎのように呼ぶ. $[m]$ は**質量マトリックス**（ mass matrix ）, $[c]$ は**減衰マトリックス**（ damping matrix ）, $[k]$ は**剛性マトリックス**（ stiffness matrix ）, $\langle x\rangle$ は**変位ベクトル**（ displacement vector ）, $\langle f\rangle$ は**力ベクトル**（ force vector ）である.

このように, 行列・ベクトル表記にすると, どんな有限の自由度になろうと, 1つの式で表すことができる.

さて, 式 (4・48) に対して固有円振動数を求めるため, つぎの非減衰自由振動を考える.

$$[m]\langle\ddot{x}\rangle + [k]\langle x\rangle = \langle 0\rangle \qquad (4・49)$$

ベクトル $\langle x\rangle$ の解ベクトルの要素を, 式 (4・2) を参考にして,

$$x_i = u_i \cos(\omega t - \phi) \quad (i = 1, \cdots, N) \qquad (4・50)$$

と仮定して, 運動方程式に代入して整理すると,

$$\langle [k] - \omega^2[m]\rangle\langle u\rangle = \langle 0\rangle \qquad (4・51)$$

が得られる.

　式 (4・51) の形は**固有値問題**（eigenvalue problem）と呼ばれ，ω を**固有値**（eigenvalue），$\langle u \rangle$ を**固有ベクトル**（eigenvector）と呼ぶ．この先，ω や $\langle u \rangle$ を求めていくが，それは言い換えれば，固有値や固有ベクトルを求めることであり，いわゆる固有値問題として，線形代数学の理論を用いて他の固有値問題と同じ扱いをすることができる．つまり，固有値問題に関するさまざまな計算パッケージを使うことができるのである．

　さて，振動数方程式は，

$$\left| [k] - \omega^2 [m] \right| = 0 \tag{4・52}$$

となる．そこで，求まった N 個の固有円振動数を $\omega_j \, (j = 1, \cdots, N)$ とする．また，ω_j に対応した振幅を $u_i^{(j)} \, (j = 1, \cdots, N)$ とすると，やはり，2自由度のところで説明したように，式 (4・51) によって，$u_i^{(j)}$ を一意的に定めることはできないが，j 次の中でお互いの比は設定される．また，各座標の振幅を一律に a_j で表される定数倍しても，系の運動方程式を満足する．

　したがって，j 次の固有振動に対する解はつぎのようになる．

$$\langle x^{(j)} \rangle = \left(x_1^{(j)}, \cdots, x_N^{(j)} \right)^T$$

$$= a_j \langle u_1^{(j)}, \cdots, u_N^{(j)} \rangle^T \cos(\omega_j t - \phi_j)$$

$$= a_j \langle u^{(j)} \rangle \cos \left(\omega_j t - \phi_j \right) \tag{4・53}$$

ここで，$\langle u^{(j)} \rangle$ を j 次の固有振動モードと呼ぶ．

　したがって，i 番目の変位座標 x_i は，

$$x_i = \sum_{j=1}^{N} x_i^{(j)}$$

$$= \sum_{j=1}^{N} a_j u_i^{(j)} \cos\left(\omega_j t - \phi_j\right) \tag{4・54}$$

と表される.

さて，式 (4・51)を変形すると，

$$[k]\langle u \rangle = \omega^2 [m]\langle u \rangle \tag{4・55}$$

が得られる.

ここで，k 次の固有円振動数を ω_k，固有振動モードを $\langle u^{(k)} \rangle$，h 次の固有円振動数を ω_h，固有振動モードを $\langle u^{(h)} \rangle$ とすると，式 (4・55)より，

$$[k]\langle u^{(k)} \rangle = \omega_k^2 [m]\langle u^{(k)} \rangle$$
$$[k]\langle u^{(h)} \rangle = \omega_h^2 [m]\langle u^{(h)} \rangle \tag{4・56}$$

が得られる. 式 (4・56) の上の式に対して，両辺左から $\langle u^{(h)} \rangle^T$ を，同様にして式 (4・56) の下の式に対して，両辺左から $\langle u^{(k)} \rangle^T$ をかけると以下のようになる.

$$\langle u^{(h)} \rangle^T [k]\langle u^{(k)} \rangle = \omega_k^2 \langle u^{(h)} \rangle^T [m]\langle u^{(k)} \rangle$$
$$\langle u^{(k)} \rangle^T [k]\langle u^{(h)} \rangle = \omega_h^2 \langle u^{(k)} \rangle^T [m]\langle u^{(h)} \rangle \tag{4・57}$$

式 (4・57) の下の式の両辺の転置をとると，質量マトリックス $[m]$ と剛性マトリックス $[k]$ は振動についての運動方程式の形から，対称マトリックスであるから，$[m] = [m]^T$，$[k] = [k]^T$ となることも使って，まず，

$$\left(\langle u^{(k)} \rangle^T [k]\langle u^{(h)} \rangle\right)^T = \left(\omega_h^2 \langle u^{(k)} \rangle^T [m]\langle u^{(h)} \rangle\right)^T \tag{4・58}$$

が得られ，カッコを外すと，

$$\langle u^{(h)} \rangle^T [k]^T \langle u^{(k)} \rangle = \omega_h^2 \langle u^{(h)} \rangle^T [m]^T \langle u^{(k)} \rangle \tag{4・59}$$

を経て，

$$\langle u^{(h)} \rangle^T [k]\langle u^{(k)} \rangle = \omega_h^2 \langle u^{(h)} \rangle^T [m]\langle u^{(k)} \rangle \tag{4・60}$$

が得られる. 式 (4・57) の上の式から式 (4・60) を引いて，左辺と右辺を入れ替えると，

$$(\omega_k^2 - \omega_h^2)\langle u^{(h)} \rangle^T [m]\langle u^{(k)} \rangle = 0 \tag{4・61}$$

が得られる.

　ここで，$k \neq h$ のときは，$\omega_k \neq \omega_h$ であるから，式 (4・61)より，

$$\langle u^{(h)}\rangle^T[m]\langle u^{(k)}\rangle = 0 \tag{4・62}$$

でなければならない．そして，式 (4・62) を式 (4・60) に代入して，

$$\langle u^{(h)}\rangle^T[k]\langle u^{(k)}\rangle = 0 \tag{4・63}$$

も得られる．式 (4・62) や (4・63) のように，異なる次数の固有振動モードを質量マトリックスや剛性マトリックスを介して掛け合わせて，ゼロになる性質を**直交性**（orthogonality）と呼ぶ．

　一方，$k = h$ のときは $\omega_k = \omega_h$ であるから，式 (4・61)より，

$$\langle u^{(h)}\rangle^T[m]\langle u^{(k)}\rangle = M_h \neq 0 \tag{4・64}$$

と表すことができる．また，式 (4・60)より，

$$\langle u^{(h)}\rangle^T[k]\langle u^{(k)}\rangle = \omega_h{}^2 M_h = K_h \tag{4・65}$$

となる．ここで，M_h を**モード質量**（modal mass），K_h を**モード剛性**（modal stiffness）と呼ぶ．

　つぎに，i 次の固有振動モード $\langle u^{(i)}\rangle$ を使って，つぎの行列を作る．

$$[u] = \left[\langle u^{(1)}\rangle, \cdots, \langle u^{(N)}\rangle\right] \tag{4・66}$$

　ここで，変位ベクトル $\langle x\rangle$ に対して，つぎの関係を満足する別の変位ベクトル $\langle \eta\rangle$ を考える．

$$\langle x\rangle = [u]\langle \eta\rangle \tag{4・67}$$

　この式を，式 (4・49) に代入する．行列 $[u]$ の要素は時間によって変化しないから，

$$[m][u]\langle \ddot{\eta}\rangle + [k][u]\langle \eta\rangle = \langle 0\rangle \tag{4・68}$$

が得られる．

　両辺左から，$[u]^T$ をかけると，

$$[u]^T[m][u]\langle \ddot{\eta}\rangle + [u]^T[k][u]\langle \eta\rangle = \langle 0\rangle \tag{4・69}$$

となる．

　ここで，あらかじめ $[u]$ を，式 (4・64)，(4・65) において、$M_i = 1$ として，

$$[u]^T[m][u] = \mathrm{diag}(1, \cdots, 1)$$

$$[u]^T[k][u] = \text{diag}(\omega_1^2, \cdots, \omega_N^2) \tag{4・70}$$

となるように正規化しておく.

すると, 式 (4・69)は,

$$\langle\ddot{\eta}\rangle + \{\text{diag}(\omega_1^2, \cdots, \omega_N^2)\}\langle\eta\rangle = \langle 0\rangle \tag{4・71}$$

となる. 各要素を見てみると,

$$\ddot{\eta}_1 + \omega_1^2\,\eta_1 = 0$$
$$\vdots$$
$$\ddot{\eta}_N + \omega_N^2\,\eta_N = 0 \tag{4・72}$$

となり, 独立な N 個の運動方程式に変換できる. この座標 $\langle\eta\rangle$ を**モード座標**（ modal coordinates ）という. このような形にすると, 各次数の振動と運動方程式が一対一に対応しているので, 次数ごとの検討が容易に可能となる. 例えば, 測定データから, 各次数に対応した固有振動数や減衰比などの物理パラメータを得て, 振動モデルの物理パラメータを見直すことで, モデルの精度向上を効率よくおこなうことができる.

さて, この項で取り上げた, 行列・ベクトル表記やモード座標による運動方程式の独立化は, プログラム化の容易さや計算回数の削減が可能となるためコンピュータを使った計算に有効となる.

自由度を増やすことで, より実際のシステムを正確に表すモデルの作成が可能となるが, もはや理論解析による厳密解の導出は難しくなるので, コンピュータによる数値解析が必要となる. その時でも, できるだけ計算時間を短縮する工夫は必要である.

コンピュータを使った振動解析は, モード座標を使ったモード解析も含めて, 設計の現場では, **CAD**（ computer aided engineering ）の中に組み込まれており, **CAD**（ computer aided design ）データを作成してから, 実際にはソフトウェアを動かすだけなのであるが, そこではどのような計算がおこなわれているのかを知っておく必要がある. 得られた結果を鵜呑みにするのではなく, はたして妥当な結果なのか, 最終的に判断してから活用することが重要である.

4・3・2　強 制 振 動

つぎに, 強制振動の場合の解析方法の例を説明する. この時は, 式 (4・49) に強制外力項を付加すればよい.

そこで, 一つの例として, 外力が cos 関数で表される場合を考えると, 運動方程式はつぎのようになる.

$$[m]\langle\ddot{x}\rangle + [k]\langle x\rangle = \langle F\rangle\cos\omega t \tag{4・73}$$

ここで,

$$\langle F\rangle = \langle F_1, \cdots, F_N\rangle^T \tag{4・74}$$

は, 各自由度に対して働く外力の振幅ベクトルである.

つぎに, 式 (4・73) をモード座標に変換して, N 個の独立な方程式の形を使って系の応答を求める**モード解析**（modal analysis）をおこなってみる.

式 (4・73) に式 (4・67) のモード座標を当てはめ, さらに両辺に $[u]^T$ を左からかけると,

$$[u]^T[m][u]\langle\ddot{\eta}\rangle + [u]^T[k][u]\langle\eta\rangle = [u]^T\langle F\rangle\cos\omega t \tag{4・75}$$

となる. ここで, 固有振動モードの直交性と式 (4・64), (4・65)を使うと,

$$\{\mathrm{diag}(M_1,\cdots,M_N)\}\langle\ddot{\eta}\rangle + \{\mathrm{diag}(K_1,\cdots,K_N)\}\langle\eta\rangle = \langle\widetilde{F}\rangle\cos\omega t \tag{4・76}$$

となる. ただし,

$$\langle\widetilde{F}\rangle = [u]^T\langle F\rangle \tag{4・77}$$

であり、これは各モードに対して働く外力成分の振幅となっている.

そこで, 式 (4・76)を各要素に書き直すと,

$$M_1\ddot{\eta}_1 + K_1\,\eta_1 = \widetilde{F}_1\cos\omega t$$

$$\vdots$$

$$M_N\ddot{\eta}_N + K_N\,\eta_N = \widetilde{F}_N\cos\omega t \tag{4・78}$$

となり, 各モード成分独立の運動方程式が得られる. 右辺の $\widetilde{F}_h\cos\omega t$ ($h = 1,\cdots,N$) は, h 次モードを励振する外力成分である.

この方程式を解くときは, 1 つのモードにつき, 1 自由度系と同じ方法で振動解を求めることができる.

例えば, h 次モードの解は, $\eta_h = A\cos\omega t$ とおいて, h 次の運動方程式に代

入し，振幅 A を求めることで，

$$\eta_h = \frac{\widetilde{F}_h}{K_h - M_h\omega^2}\cos\omega t = \frac{\widetilde{F}_h}{M_h(\omega_h^2 - \omega^2)}\cos\omega t \tag{4・79}$$

となる．ただし，

$$\omega_h = \sqrt{\frac{K_h}{M_h}} \tag{4・80}$$

である．よって，変位ベクトル $\langle x \rangle$ は，

$$\langle x \rangle = [u]\langle\eta\rangle$$

$$= \sum_{h=1}^{N}\langle u^{(h)}\rangle\frac{\widetilde{F}_h}{M_h(\omega_h^2 - \omega^2)}\cos\omega t \tag{4・81}$$

となる．

　ここで，簡単な例として，r 番目の自由度に対してのみ，外力が働いている場合を例にとると，外力ベクトル $\langle \widetilde{F} \rangle$ は式 (4・77) より，

$$\langle \widetilde{F} \rangle = [u]^T\langle F \rangle = \left[\langle u^{(1)}\rangle, \cdots, \langle u^{(N)}\rangle\right]^T\begin{pmatrix}0\\\vdots\\0\\F_r\\0\\\vdots\\0\end{pmatrix}$$

$$= [\langle u_1\rangle, \cdots, \langle u_N\rangle]\begin{pmatrix}0\\\vdots\\0\\F_r\\0\\\vdots\\0\end{pmatrix} = \langle u_r\rangle F_r$$

$$= \begin{pmatrix} u_r^{(1)} \\ \vdots \\ u_r^{(h)} \\ \vdots \\ u_r^{(N)} \end{pmatrix} F_r \tag{4・82}$$

となる.

　したがって, 式 (4・81) より任意の i 番目の自由度の変位 x_i は,

$$x_i = \sum_{h=1}^{N} u_i^{(h)} \frac{\widetilde{F}_h}{M_h(\omega_h^2 - \omega^2)} \cos\omega t \tag{4・83}$$

と表される. そして, 式 (4・82) から $\langle \widetilde{F} \rangle$ の h 番目の要素を代入して,

$$x_i = \sum_{h=1}^{N} \frac{F_r u_i^{(h)} u_r^{(h)}}{M_h(\omega_h^2 - \omega^2)} \cos\omega t \tag{4・84}$$

が得られる.

　このように、連成のある式 (4・73) を一括して解く場合に比べて, はるかに簡単に理論的考察をおこなうことができる.

【EPISODE】

　機械設計では, まず材料力学を使って十分な強度を持つ形が決定される. その後, 設計されたシステムの振動特性を調べ, 運転時の状況を考慮して, 振動が大きく影響しないかどうか確認する. もし, 影響があることがわかったら, 設計のやり直しをおこなう.

演 習 問 題 4

【4・1】図4・7の2自由度振動システムの固有円振動数と固有振動モードを求めよ.

【4・2】図4・8の3自由度振動システムの固有円振動数と固有振動モードを求めよ.

【4・3】図4・9の2自由度振動システムの固有円振動数と固有振動モードを求めよ.

【4・4】図4・10の2自由度振動システムの固有円振動数と固有振動モードを求めよ.

【4・5】図4・11の2自由度振動システムの固有円振動数と固有振動モードを求めよ.

　以下の問題は, 演習問題 4・1から4・5の中から, もっともふさわしいモデルを選んで, その解答を参考にして計算せよ.

【4・6】図4・12のタイヤ・サスペンション・ボディからなる車の駆動システムの上下運動での固有振動数と固有振動モードを求めよ. ただし, タイヤの質量を20 [kg], タイヤのばね定数を98,000 [N/m], サスペンションのばね定数を5 [kgf/mm]、ボディの質量を500 [kg] とする.

【4・7】図4・13の電車の車輪の回転運動での固有振動数を求めよ. ただし, 車輪の慣性モーメントを1,000 [kg·m^2], 車軸の回転ばね定数を$1.0×10^6$ [N·m/rad] とする.

【4・8】図4・14のコンテナ車の水平方向運動での固有振動数を求めよ. ただし, コンテナと運転台の質量はともに2 [t], 連結器のばね定数を$7.0×10^5$ [N/m] とする.

【4・9】図4・15のドッキングした2体の宇宙船において本体の長手方向の運動での固有振動数を求めよ. ただし, 宇宙船の質量はともに50 [t], ドッキング機構のばね定数を100 [N/mm] とする.

【4・10】図4・16の2両編成の電車の水平方向の運動での固有振動数を求めよ．ただし，電車の質量はともに 30 [t]，連結器のばね定数を 1.0×10^6 [N/m] とする．

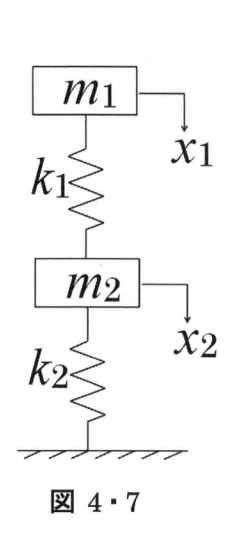

図 4・7

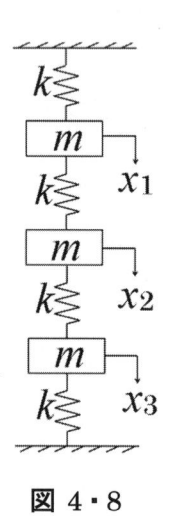

図 4・8

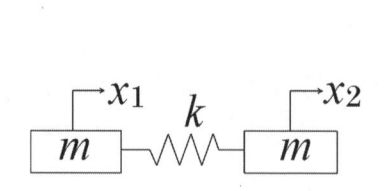

図 4・9

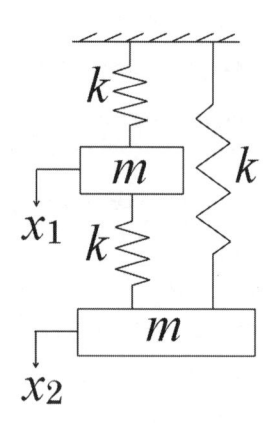

図 4・10

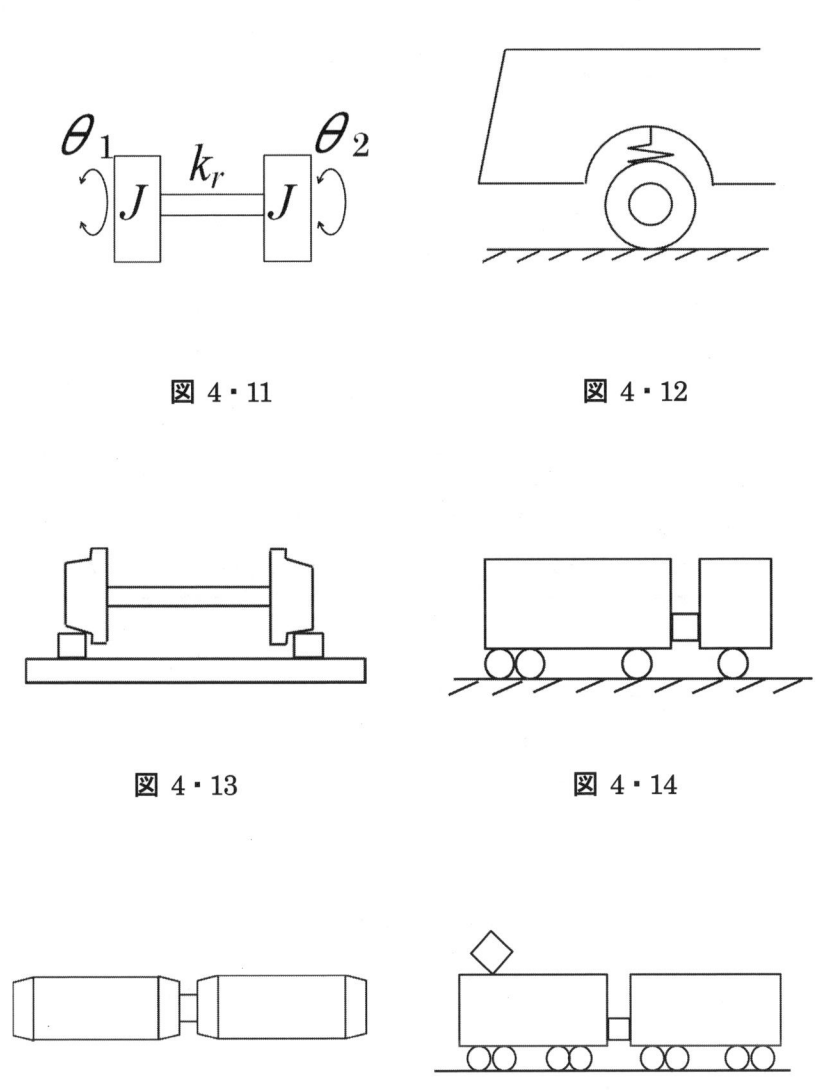

図 4・11　　　　　　　　　図 4・12

図 4・13　　　　　　　　　図 4・14

図 4・15　　　　　　　　　図 4・16

第5章　分布質量モデル

　実際の機械システムは，サスペンションなど，ばね部品そのものでできているものもあるが，むしろ飛行機の翼や車のボンネットなど，ばねの形はしていないが振動が発生しやすい部品で構成されていることが多い．このような部品は，慣性・復元性・減衰性の要素が連続的に構成されている**連続体**（continuous system）と考えられる．このような系に対するモデルとして分布質量モデルが考えられているので，この章ではそのモデルについて説明する．

【このポイントを押えよう】
　〇分布質量モデルの考え方について理解しよう．
　〇固有振動モードと部品の変形との，より詳しい関係について学ぼう．

5・1　集中質量モデルと分布質量モデル

　振動の基本要素である慣性・復元性・減衰性を持つ，おもり・ばね・ダンパがそれぞれ1つずつで構成されたものを，基本振動要素として考える．

　たとえば，サスペンションは基本振動要素が1つのモデルとなる．また，タイヤとサスペンションのシステムなら，基本振動要素が2つのモデルとなる．

　このように，ばねやダンパの部品そのものでできているときは，基本振動要素をそのまま当てはめるのは簡単である．では，飛行機の翼や車のボンネットのように振動が生じやすいが，明確にばねの形をしていない部品に対してはどのように考えればよいのであろうか．

　1つの方法は，基本振動要素を部品のいたるところに配置して，数多くの要素でできていると考えるモデルがある．この場合，どんなに数が多くても有限

個に限定するという条件が付けられている.

　このようなモデルは集中質量モデルと呼ばれ，第４章で学んだ多自由度系の解析方法を使うことができる.

　例えば，円を正多角形で近似することを考えた場合，その次数を非常に大きくとることで，円とほぼ重ねることができるのと同じである. しかし，どんなに次数を大きくしても，円と完全に重なり合うことはない.

　ところで，振動解析の最も重要な目的は，危険な振動の速度である固有振動数と，そのときの変形の様子を表した固有振動モードを知ることにある. このとき，ぴたりとそのときの固有振動数の値を見つけられなくても，近似値として真値近辺の値がわかるのであれば，振動対策を立てるのには十分である. もちろん，基本振動要素の数を増やせば増やすほど真値に近づくことはできる.

　現在は，コンピュータによる解析が発達しているので，この考え方によって実際のシステムの振動解析がなされている. しかし，精度を増すために要素数を増やすと，それだけ式の数も増える. コンピュータのプログラム内では，計算能力が十分であれば特に問題にならないが，例えば，理論などを紙に書き表す時は困難になってくる.

　そこで，理論解析の場合は厳密モデルであることと，式の数が非常に少なくて済むので，分布質量モデルがよく用いられる. ただし，集中質量モデルは常微分方程式で表されるのに対して，分布質量モデルは偏微分方程式で表されるので扱いにくい.

　それでも，分布質量モデルは，いわば，基本振動要素が無限個連なったモデルとみなすことができるので，固有振動モードに対する見通しがよいというメリットがある.

５・２　はりの曲げ振動

５・２・１　運動方程式
まず，固有振動モードで表される変形の様子がイメージしやすいので，はり

に生じる振動の中で，軸方向に対して垂直方向に振動する曲げ振動（または横振動）を取り上げる．機械システムにおけるはりとしてのモデル化の対象は，飛行機やタービンの翼，車軸，クレーンのアームなどがあげられる．

　ここでは，はりの振動によって生じる変形に対して，曲げ変形だけを考慮するオイラー・ベルヌーイはりモデルを採用する．さらに詳細なモデルとして，せん断変形や回転慣性も考慮したチモシェンコはりモデルも考えられている．

　分布質量系モデルであるので，はりの全部を考えるのではなく，一部分を切り出した微小要素について考える．そのモデルを**図 5・1**に示す．

　まず，座標として，はりの軸方向を x 軸，それと直交して上方向に y 軸を設定する．はりの一部分を取り出し，左端を x，右端を $x+dx$ のところに設定する．はりの密度を一定値 ρ とする．また，断面積を一定値 A，曲げ剛性を一定値 EI（E は縦弾性係数，I は断面2次モーメント）とする．

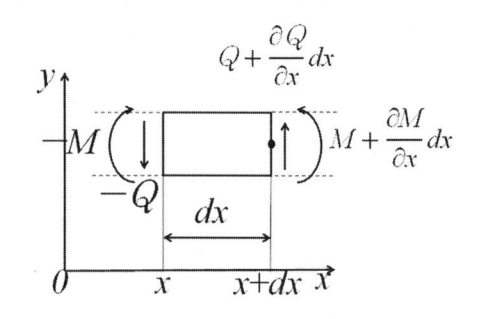

図5・1　はりの微小要素

　x のところでのたわみを $y(x)$，そこに働くせん断力を $Q(x,t)$，モーメントを $M(x,t)$ とする．モーメントについては，$x+dx$ のところにある黒丸を回転中心として，反時計回りを正方向とする．

　すると，$x+dx$ のところのせん断力とモーメントは変分の考え方から，$Q(x,t)+\partial Q(x,t)/\partial x \times dx$，$M(x,t)+\partial M(x,t)/\partial x \times dx$ と表される．そして，それぞれ符号を考慮すると，微小要素に対して図5・1のように働いている．

　まず，回転中心回りのモーメントのつり合い式を求めると，つぎのようにな

る.

$$M + \frac{\partial M}{\partial x} dx - M + Q \times dx = 0 \qquad (5 \cdot 1)$$

したがって，式を整理すると，

$$\frac{\partial M}{\partial x} = -Q \qquad (5 \cdot 2)$$

が得られる.

　ここで，材料力学のはりの理論から，

$$M = EI \frac{\partial^2 y}{\partial x^2} \qquad (5 \cdot 3)$$

$$Q = -\frac{\partial M}{\partial x} \qquad (5 \cdot 4)$$

であるので，

$$Q = -EI \frac{\partial^3 y}{\partial x^3} \qquad (5 \cdot 5)$$

となる.

　そこで，微小要素について，y 方向のニュートンの運動方程式を求めると，
つぎのようになる.

$$\rho A dx \times \frac{\partial^2 y}{\partial t^2} = Q + \frac{\partial Q}{\partial x} dx - Q \qquad (5 \cdot 6)$$

ここで，式 $(5 \cdot 5)$ を代入して，整理すると，

$$\rho A \times \frac{\partial^2 y}{\partial t^2} = \frac{\partial}{\partial x}\left(-EI \frac{\partial^3 y}{\partial x^3}\right) \qquad (5 \cdot 7)$$

となるが，さらに整理すると，

$$\rho A \frac{\partial^2 y}{\partial t^2} + EI \frac{\partial^4 y}{\partial x^4} = 0 \qquad (5 \cdot 8)$$

が得られる．これが，オイラー・ベルヌーイはりの曲げ振動についての運動方
程式である.

5・2・2　自　由　振　動

得られた運動方程式は偏微分方程式であるので，これを変数分離法を用いて常微分方程式に変換する．

運動方程式の解は，x と t の関数であるので，x だけの関数 $Y(x)$ と t だけの関数 $T(t)$ の積として，以下の形であると仮定する．

$$y(x,t) = Y(x)T(t) \tag{5・9}$$

これを運動方程式に代入すると，

$$\rho A Y(x)\frac{d^2 T(t)}{dt^2} + EI\frac{d^4 Y(x)}{dx^4}T(t) = 0 \tag{5・10}$$

となる．

つぎに，x に関するものを左辺，t に関するものを右辺にまとめて整理すると，

$$\frac{EI}{\rho A Y(x)} \times \frac{d^4 Y(x)}{dx^4} = -\frac{1}{T(t)} \times \frac{d^2 T(t)}{dt^2} \tag{5・11}$$

となる．

この式で，左辺の x のみをパラメータとした式と，右辺の t のみをパラメータとした式が常に成り立つためには，各パラメータによらず，両辺ともある一定値である必要がある．

そこで，その値を ω^2 として，式を2つの常微分方程式に分けると，

$$EI\frac{d^4 Y(x)}{dx^4} - \omega^2 \rho A Y(x) = 0 \tag{5・12}$$

$$\frac{d^2 T(t)}{dt^2} + \omega^2 T(t) = 0 \tag{5・13}$$

が得られる．式 (5・12) を以下のように表しておく．

$$\frac{d^4 Y(x)}{dx^4} - \kappa^4 Y(x) = 0 \tag{5・14}$$

ただし，

$$\kappa^4 = \frac{\rho A \omega^2}{EI} \tag{5・15}$$

としている.

式 (5・14) を解くため, その解の形を,

$$Y(x) = e^{sx} \tag{5・16}$$

と仮定して, 式に代入すると,

$$s^4 - k^4 = 0 \tag{5・17}$$

という特性方程式が得られる.

したがって, 特性根は, $\pm jk$ と $\pm \kappa$ となる. オイラーの公式と双曲線関数の定義を利用すれば, 基本解は三角関数や双曲線関数となるので, 一般解はそれらの線形結合として,

$$Y(x) = C_1 \sin\kappa x + C_2 \cos\kappa x + C_3 \sinh\kappa x + C_4 \cosh\kappa x \tag{5・18}$$

と表される. この時, 未定定数 $C_1 \sim C_4$ や κ は, この式が x の関数であることから, 場所に関係する**境界条件**（boundary condition）より求められる. この式を**固有モード関数**（natural mode function）と呼ぶ.

一方, 式 (5・13) は時間に関する 2 階の常微分方程式であるから, 第 3 章で説明した方法により, 解を求めることができる. この時の未定定数は時間に関係する**初期条件**（initial condition）により求まる.

さて, ここでは境界条件について詳しく見てみる.

この場合の境界条件とは, はりの任意の位置での形状に関する条件であるが, 未定定数を導出するための計算がしやすいように, はりの両端での条件を取り上げる.

両端の状態とは取付け状態であるが, はりの基本的な取り付け方法は, つぎの 3 つに分けることができる,

　(1)ベアリングなどを介して取り付けられた単純支持

　(2)溶接等でがっちり取り付けられた固定端

　(3)フリーな状態の自由端

そこで, これらの 3 通りの取り付け方に対して境界条件式を求める. いずれ

も，計算を簡単にするために，なるべく値がゼロになる条件を採用する．

(1) 単純支持端

まず，単純支持端は**図 5・2** のような取付け状態である．このとき，値がゼロになるパラメータとしては，上下方向に変位をしないので，たわみがゼロと考えられる．また，摩擦のないベアリングなどで支持されていると考えて，回転がフリーであることから，曲げモーメントもゼロとなる．

そこで，これらの条件を式で表すと以下のようになる．

$$y = 0 \qquad (たわみ = 0)$$

$$(5・19)$$

$$EI\frac{\partial^2 y}{\partial x^2} = 0$$

$$\left(曲げモーメント = 0\right)$$

$$(5・20)$$

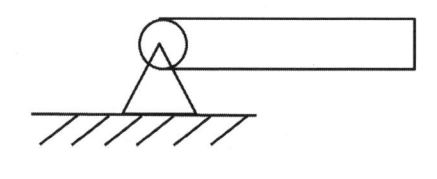

図 5・2　単純支持端

曲げモーメントに関する条件は，以下のように簡略化される．

$$\frac{\partial^2 y}{\partial x^2} = 0 \qquad\qquad (5・21)$$

(2) 固定端

固定端は，**図 5・3** のような取付け状態である．このとき，値がゼロになるパラメータとしては，上下方向に変位しないので，単純支持と同じようにたわみがゼロと考えられる．また逆に単純支持と違って，回転がまったくできないので，はりの傾きがゼロである．

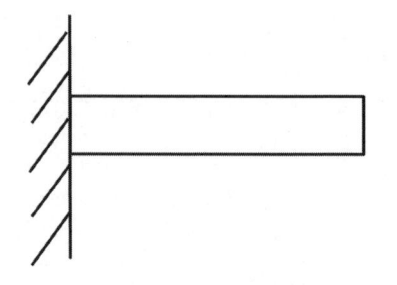

図 5・3　固定端

そこで，これらの条件を式で表すと以下のようになる．

$$y = 0 \qquad (たわみ = 0) \tag{5・22}$$

$$\frac{\partial y}{\partial x} = 0 \qquad (はりの傾き = 0) \tag{5・23}$$

(3) 自由端

　自由端は，**図 5・4** のような取付け状態である．このとき，値がゼロになるパラメータとしては，はりの相手側が存在しないので，相手の反発がないことから，モーメントとせん断力がゼロとなる．

　そこで，これらの条件を式で表すと，以下のようになる．

$$EI\frac{\partial^2 y}{\partial x^2} = 0$$
$$(曲げモーメント = 0) \tag{5・24}$$

$$EI\frac{\partial^3 y}{\partial x^3} = 0$$
$$(せん断力 = 0) \tag{5・25}$$

図 5・4　自由端

2 つの条件式は以下のように簡略化される．

$$\frac{\partial^2 y}{\partial x^2} = 0 \tag{5・26}$$

$$\frac{\partial^3 y}{\partial x^3} = 0 \tag{5・27}$$

　これまで見たように，固有振動モードは固有振動数の次数だけ得られる．したがって，分布質量系では次数が無限であるから，固有振動モードも無限個求まることになる．

　しかし，固有振動数の中で，システムに重大な影響を及ぼすのは，1 次と 2 次である．それより高次の振動は，エネルギーも低く，減衰も速いので，実システムにおいては，1 次と 2 次の振動に着目すれば多くの場合は十分である．

つぎに, これらの境界条件を使って, 具体的に固有振動モードを求めてみる.

(4) 両端単純支持

【例題5・1】

図5・5の両端単純支持の場合の, はりの曲げ自由振動の固有振動モードを2次まで求めよ.

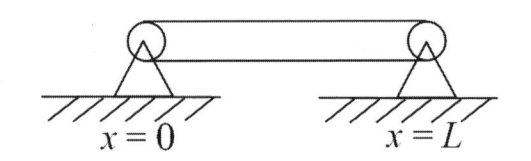

図5・5 両端単純支持はり

[**解答**] まず, 境界条件式を求めると, 両端とも単純支持よりたわみと曲げモーメントがゼロであるから, x 座標の位置を「|」の記号の横に小さく記入して, つぎのように表現される.

$$y|_{x=0} = 0, \qquad \left.\frac{\partial^2 y}{\partial x^2}\right|_{x=0} = 0 \qquad (5 \cdot 28)$$

$$y|_{x=L} = 0, \qquad \left.\frac{\partial^2 y}{\partial x^2}\right|_{x=L} = 0 \qquad (5 \cdot 29)$$

よって, 変数分離法で導入した関数 $Y(x)$ についての条件式は,

$$Y|_{x=0} = 0, \qquad \left.\frac{d^2 Y}{dx^2}\right|_{x=0} = 0 \qquad (5 \cdot 30)$$

$$Y|_{x=L} = 0, \qquad \left.\frac{d^2 y}{dx^2}\right|_{x=L} = 0 \qquad (5 \cdot 31)$$

のように求まる.

　境界条件のうち，式 (5・30) の2つの条件式を式 (5・18) に代入する．すると，

$$C_2 = C_4 = 0 \qquad (5 \cdot 32)$$

が，まず得られる．

　つぎに，式 (5・31) の2つの条件式を式 (5・18) に代入する．すると，式 (5・32) の結果も使って，

$$2C_3 \sinh \kappa L = 0 \qquad (5 \cdot 33)$$

が得られるので，

$$C_3 = 0 \qquad (5 \cdot 34)$$

となる．

　したがって，

$$C_1 \sin \kappa L = 0 \qquad (5 \cdot 35)$$

となる．ここで，$C_1 = 0$ とすると，$Y(x) = 0$ となってしまうので，$C_1 \neq 0$ である．

　よって，

$$\sin \kappa L = 0 \qquad (5 \cdot 36)$$

が得られる．これは振動数方程式であり，

$$\kappa_n = \frac{n\pi}{L} \qquad (n = 1, 2, \cdots) \qquad (5 \cdot 37)$$

となる．

　最後に式 (5・15) を使えば，両端単純支持の場合の固有円振動数がつぎのように求まる．

$$\omega_n = \frac{n^2 \pi^2}{L^2} \sqrt{\frac{EI}{\rho A}} \qquad (5 \cdot 38)$$

　つぎに，C_1 は任意であるから，1 と置くと，固有モード関数は，

$$Y_n(x) = \sin \frac{n\pi}{L} x \qquad (5 \cdot 39)$$

と求まる．このうち，1 次と 2 次を取り出すと解が求まる．

$$Y_1(x) = \sin\frac{\pi}{L}x \tag{5・40}$$

$$Y_2(x) = \sin\frac{2\pi}{L}x \tag{5・41}$$

つぎに，この 2 つのモードを図で表してみると**図 5・6** となる．

ここで，固有振動モードから得られる情報について説明する．固有振動モードは，固有振動数で振動しているときの，部材の変形の様子を示したものである．ただし，実際の変形量を表しているものではない．

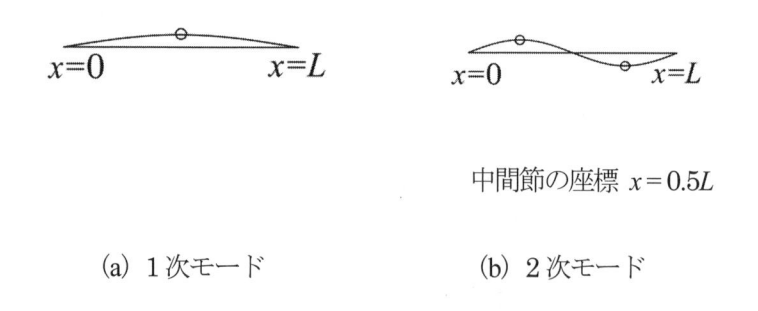

中間節の座標　$x = 0.5L$

(a)　1 次モード　　　　　　(b)　2 次モード

図 5・6　両端単純支持振動モード

ここでは，はりの曲げ振動を取り上げているので，それぞれの振動数で振動している時はりを見ると，図 5・6 のような変形をしながら振動しているのである．この図は，ある瞬間の最大振幅を示しており，やがては，横軸に対して線対称の変形となって，反対側での最大振幅をとる．

ここで，材料力学の知見より，部材に発生する亀裂は応力が大きいところほ

ど生じやすい．そして，この応力は部材の変形が大きくなるほど，増加する傾向にある．

　複雑な機械システムに取り付けられたはりについては，詳細な解析が必要であるが，はり一本を取り出した状態で調べても，おおよその見当はつく．図5・6の場合，まず(a)の1次モードの変形では，○をつけたはりの中間点が，傾きが＋から−に変化するところなので，他の場所に比べて大きく変形しているのがわかる．材料力学においても，ここの部分の曲げ応力が最大となることがわかっている．しかも，振動の場合は変形方向が随時変わるので，応力も繰り返し応力となる．

　したがって，曲げモーメントだけを見れば長年の振動の継続によって，この部分に亀裂が入る可能性が，ほかの部分に比べて高いことが考えられる．

　これに対して，(b)の2次モードの場合は，また，違った変形になる．この場合は，さきほどの真ん中の部分はほとんど変形が生じず，左右端から1／4のところの変形が大きくなる．したがって，2次モードの場合はここに亀裂が生じる可能性が，ほかに比べて高くなると考えられる．

　ここで，(b)において真ん中のように振幅が常にゼロのところを振動の**節**（node），逆に左右端から1／4のところのように，最大振幅が生じるところを振動の**腹**（anti-node）と呼ぶ．

　このように，固有振動モードは振動によって部材に亀裂が生じるとしたら，どの部分の可能性が高いかという情報も与えてくれる．亀裂の発生は重大事故につながることから，振動解析において固有振動モードを求める重要性がわかっていただけたであろう．

　さらに，そのほかの境界条件による固有振動モードの例を紹介する．

(5) 両端固定

　図5・7の両端固定の場合の，はりの曲げ自由振動の固有振動モードを2次まで求める．

　まず，境界条件式を求めると，両端とも固定条件よりたわみと傾きがゼロであるから，x 座標の位置を入れて，つぎのように表される．

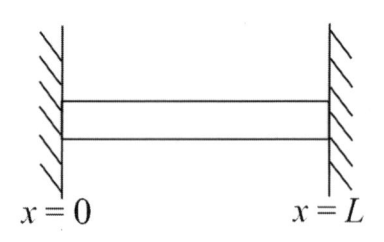

図5・7　両端固定のはり

$$y|_{x=0} = 0, \qquad \left.\frac{\partial y}{\partial x}\right|_{x=0} = 0 \qquad (5 \cdot 42)$$

$$y|_{x=L} = 0, \qquad \left.\frac{\partial y}{\partial x}\right|_{x=L} = 0 \qquad (5 \cdot 43)$$

したがって，例題 5・1 と同様の計算をおこなうことで，つぎの結果が得られる．

(振動数方程式)

$$\cos \kappa L \cosh \kappa L = 1 \qquad (5 \cdot 44)$$

(固有モード関数)

$$Y_n(x) = (\sin\kappa_n L - \sinh\kappa_n L)(\cos\kappa_n x - \cosh\kappa_n x)$$
$$- (\cos\kappa_n L - \cosh\kappa_n L)(\sin\kappa_n x - \sinh\kappa_n x) \qquad (5 \cdot 45)$$

ただし，任意係数は 1 と設定した．

　この 2 つのモードを図で表すと，**図5・8**となる．

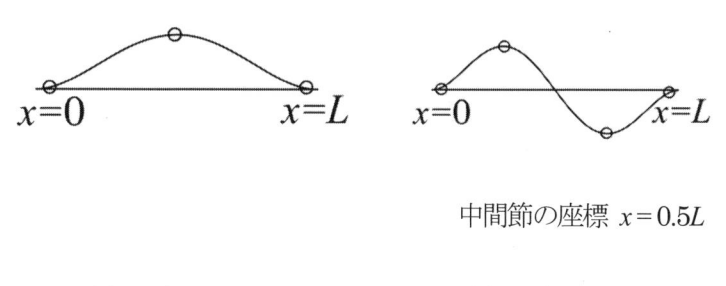

中間節の座標 $x = 0.5L$

(a) 1次モード　　　　　　(b) 2次モード

図5・8　両端固定はりの振動モード

　大きく変形しているところとして○をつけた箇所が，今度は，はりの途中の
ほかに両端にも表れている．両端は溶接等でがっちり固定されているため，壁
の取付け部分のはりは，常に真横の方向を向いているが，はりの振動による変
形が，そのすぐ先から始まるため，取付け付近で大きな曲げ変形を受ける．し
かも，方向は±で変化する繰り返し変形であり，部材にとって大きなストレス
となる．同じはりでも，注意点が両端単純支持の場合よりも増えている．

(6) 両端自由

　図5・9の両端自由の場合の，はりの曲げ自由振動の固有振動モードを2次
まで求める．

　まず，境界条件式を求めると，自由条件から両端の曲げモーメントとせん断
力がゼロであるから，x 座標の位置を入れてつぎのように表される．

$$\left.\frac{\partial^2 y}{\partial x^2}\right|_{x=0} = 0, \qquad \left.\frac{\partial^3 y}{\partial x^3}\right|_{x=0} = 0 \qquad (5\cdot46)$$

$$\left.\frac{\partial^2 y}{\partial x^2}\right|_{x=L} = 0, \qquad \left.\frac{\partial^3 y}{\partial x^3}\right|_{x=L} = 0 \qquad (5 \cdot 47)$$

図5・9　両端自由はり

　したがって，例題 5・1 と同様の計算をおこなうことで，つぎの結果が得られる.

(振動数方程式)

$$\cos \kappa L \cosh \kappa L = 1 \qquad (5 \cdot 48)$$

(固有モード関数)

$$Y_n(x) = (\cos\kappa_n L - \cosh\kappa_n L)(\cos\kappa_n x + \cosh\kappa_n x)$$
$$+ (\sin\kappa_n L + \sinh\kappa_n L)(\sin\kappa_n x + \sinh\kappa_n x) \qquad (5 \cdot 49)$$

ただし，任意係数は1と設定した.

　この2つのモードを図で表すと，図5・10となる. 大きく変形しているところとして○をつけた箇所が，両端単純支持の場合と似ている.

(7)　一端固定他端自由

　図5・11の一端固定他端自由の片持ちはりの場合の，曲げ自由振動の固有振動モードを2次まで求める.

　まず，境界条件式を求めると，固定端はたわみと傾きがゼロ，自由端は曲げモーメントとせん断力がゼロであるから，x 座標の位置を入れてつぎのように表される.

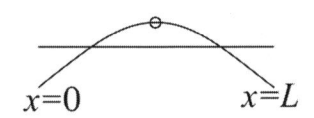　　　　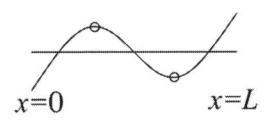

中間節の座標 $x = 0.224L, 0.776L$　　中間節の座標 $x = 0.132L, 0.5L, 0.868L$

(a) 1次モード　　　　　　　　　(b) 2次モード

図5・10　両端自由はりの振動モード

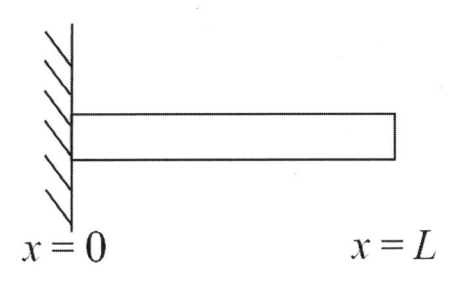

$x = 0$　　　　　　　$x = L$

図5・11　一端固定他端自由のはり

$$y|_{x=0} = 0, \qquad \left.\frac{\partial y}{\partial x}\right|_{x=0} = 0 \qquad (5 \cdot 50)$$

$$\left.\frac{\partial^2 y}{\partial x^2}\right|_{x=L} = 0, \qquad \left.\frac{\partial^3 y}{\partial x^3}\right|_{x=L} = 0 \qquad (5 \cdot 51)$$

したがって，例題 5・1 と同様の計算をおこなうことで，つぎの結果が得られる.

(振動数方程式)

$$\cos \kappa L \cosh \kappa L = -1 \qquad (5 \cdot 52)$$

(固有モード関数)

$$Y_n(x) = (\sin \kappa_n L + \sinh \kappa_n L)(\cos \kappa_n x - \cosh \kappa_n x)$$

$$-(\cos \kappa_n L + \cosh \kappa_n L)(\sin \kappa_n x - \sinh \kappa_n x) \qquad (5 \cdot 53)$$

ただし，任意係数は 1 と設定した.

　この 2 つのモードを図で表すと，**図 5・12** となる.

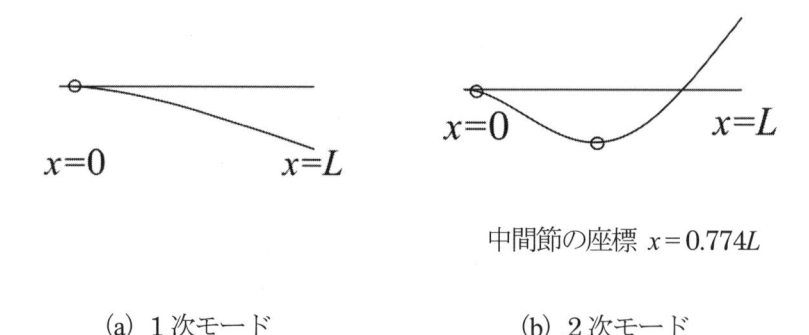

中間節の座標　$x = 0.774L$

(a) 1 次モード　　　　　　　　(b) 2 次モード

図 5・12　一端固定他端自由はりの振動モード

　大きく変形しているところとして○をつけた箇所において，固定端は要注意である.

5・3　棒のねじり振動

　はりの横振動と並んで,機械システムの部材に亀裂が生じやすい振動として,車軸などのねじり振動がある.

　ここでは,棒のねじり振動の運動方程式を求めておく.やはり,分布質量系として考えるので,軸の一部分を切り出したモデルを,図5・1を参考にして,**図5・13**に示す.

　棒の断面は,円形とする.棒の横弾性係数を G (一定値),断面2次極モーメントを I_p (一定値),点 x での断面のねじれ角を $\theta(x,t)$ とする.

　材料力学より,ねじりモーメントは次式で計算される.

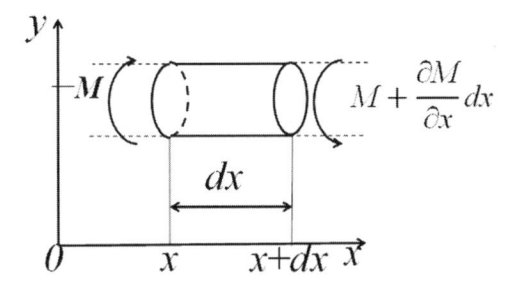

図5・13　棒のねじり振動モデル

$$M(x,t) = GI_p \frac{\partial \theta(x,t)}{\partial x} \tag{5・54}$$

　棒の両端で,図のようなモーメントが棒に働いているので,モーメントのつり合い式はつぎのようになる.

$$-M + M + \frac{\partial M}{\partial x}dx = \frac{\partial M}{\partial x}dx \tag{5・55}$$

　したがって,微小要素に対する回転の運動方程式を求めると,(慣性モーメント)×(角加速度)=(モーメント)であるからつぎのようになる.ただし,棒の密度を ρ (一定値)とする.

$$\rho I_p dx \frac{\partial^2 \theta(x,t)}{\partial t^2} = \frac{\partial}{\partial x}\left(GI_p \frac{\partial \theta(x,t)}{\partial x}\right)dx \tag{5・56}$$

よって,

$$\rho \frac{\partial^2 \theta(x,t)}{\partial t^2} = G \frac{\partial^2 \theta(x,t)}{\partial^2 x} \tag{5・57}$$

となり，変形すると,

$$\frac{\partial^2 \theta(x,t)}{\partial t^2} = c^2 \frac{\partial^2 \theta(x,t)}{\partial^2 x} \tag{5・58}$$

ただし,

$$c = \sqrt{\frac{G}{\rho}} \tag{5・59}$$

である.

　この方程式は時間と場所についての二階微分の形であり，**波動方程式（wave equation）** と呼ばれ，弦の振動や，棒の軸方向の伸び縮みの振動である縦振動も，同じ形の運動方程式となる.

　この運動方程式は，はりの横振動で説明したように，変数分離法を用いることで，2 つの常微分方程式に変形したのち，振動数方程式や，固有モード関数を求めることができる.

　固有モード関数の一般形は,

$$Y_n(x) = C_1 \cos\kappa_n x + C_2 \sin\kappa_n x \tag{5・60}$$

となる. ただし，$\kappa_n = \omega_n/c$ である.

　また,材料力学より，ねじり変形において考慮するのはせん断応力であるが,この値の大小は，必ずしも場所に依存しないので，絶対角であるねじれ角 θ そのものが大きいところが，応力が大きいわけではない. むしろ，ねじれ角の変化量が大きく変わるところが注意点である. また，固有振動モードにおいて,ねじり方向が変化している箇所をあらわしている，モード関数の値が＋と－で入れ替わるところも，注意すべきところである.

5・4 一般解と強制振動

ここでは，変数分離型の解を仮定したので，連続体の自由振動についての運動方程式に対する**一般解**（general solution）はつぎのように表される．

$$y(x,t)= \sum_{i=1}^{\infty} Y_i(x)T_i(t) \qquad (5 \cdot 61)$$

ただし，$Y_i(x)$ は各境界条件によって得られた i 次の固有モード関数，$T_i(t)$ は式（5・13）に対する i 次の解であり，

$$T_i(t) = A_i\cos\omega_i t + B_i\sin\omega_i t \qquad (5 \cdot 62)$$

と表される．ω_i は i 次の固有円振動数であり，係数 A_i と B_i は，たわみ $y(x,t)$ に関する初期条件を式（5・61）に適用することで求めることができる．

はりの縦振動やねじり振動に対しても，たわみ $y(x,t)$ を軸方向の変位としての $u(x,t)$ やねじれ角 $\theta(x,t)$ に置き換えることで同様に計算される．

最後に，分布質量モデルにおける強制振動への対処法について，はりの横振動を例にして説明する．

まず，q 次と r 次の固有振動モード関数を $Y_q(x)$ と $Y_r(x)$ とすると式（5・12）から，

$$\frac{d^4 Y_q(x)}{dx^4} = \omega_q{}^2\frac{\rho A}{EI} Y_q(x) \qquad (5 \cdot 63)$$

$$\frac{d^4 Y_r(x)}{dx^4} = \omega_r{}^2\frac{\rho A}{EI} Y_r(x) \qquad (5 \cdot 64)$$

となる．つぎに式（5・63）両辺に $Y_r(x)$，式（5・64）両辺に $Y_q(x)$ をかけて差をとってから，x について 0 から L まで積分すると，

$$(\omega_q{}^2 - \omega_r{}^2)\frac{\rho A}{EI}\int_0^L Y_q(x)Y_r(x)dx$$

$$= \int_0^L (Y_r(x)\frac{d^4 Y_q(x)}{dx^4} - Y_q(x)\frac{d^4 Y_r(x)}{dx^4})dx$$

$$= \left[Y_r(x)\frac{d^3 Y_q(x)}{dx^3} - Y_q(x)\frac{d^3 Y_r(x)}{dx^3} - \frac{dY_r(x)}{dx}\frac{d^2 Y_q(x)}{dx^2} + \frac{dY_q(x)}{dx}\frac{d^2 Y_r(x)}{dx^2} \right]_0^L$$

(5・65)

となる．式 (5・65) の最後の式は，曲げ振動のところで取り上げた，単純支持・固定・自由の 3 つの境界条件を表す式のいずれの組み合わせを用いても，常に 0 となる．

　したがって，

$$(\omega_q{}^2 - \omega_r{}^2)\frac{\rho A}{EI}\int_0^L Y_q(x)Y_r(x)dx = 0 \tag{5・66}$$

となるから，$q \neq r$ のときは $\omega_q \neq \omega_r$ であって，

$$\int_0^L Y_q(x)Y_r(x)dx = 0 \tag{5・67}$$

となる．また，$q = r$ のときは $\omega_q = \omega_r$ であるから，

$$\rho A \int_0^L Y_q^2(x)dx = M_q = 一定 \tag{5・68}$$

と置くことができる．この M_r を一般化質量と呼ぶ．式 (5・67) と (5・68) を固有モード関数の直交性という．

　つぎに，はりに強制力として分布荷重 $w(x,t)$ が加わった，強制振動の一般解を求める．運動方程式は式 (5・8) に分布荷重を加えて，

$$\rho A \frac{\partial^2 y}{\partial t^2} + EI\frac{\partial^4 y}{\partial x^4} = w(x,t) \tag{5・69}$$

となる．ここで，$y(x,t)$ の一般解を式 (5・61) の形であると仮定として，運動方程式に代入すると，

$$\rho A \sum_{i=1}^{\infty} Y_i(x)\frac{d^2 T_i(t)}{dt^2} + EI\sum_{i=1}^{\infty}\frac{d^4 Y_i(x)}{dx^4}T_i(t) = w(x,t) \tag{5・70}$$

が得られる．固有モード関数 $Y_i(x)$ に対しては，式 (5・12) が成り立ってい

るので, 式 (5・70) 左辺の第二項に代入して,

$$\rho A \sum_{i=1}^{\infty} Y_i(x) \frac{d^2 T_i(t)}{dt^2} + \rho A \sum_{i=1}^{\infty} \omega_i^2 Y_i(x) T_i(t) = w(x,t) \tag{5・71}$$

が得られる. この両辺に $Y_q(x)$ をかけて, x について 0 から L まで積分すると, 式 (5・67) と (5・68) の直行性の性質も使って,

$$\frac{d^2 T_q(t)}{dt^2} + \omega_q^2 T_q(t) = \frac{W_q(t)}{M_q} \tag{5・72}$$

となる. ただし,

$$W_q(t) = \int_0^L w(x,t) Y_q(x) dx \tag{5・73}$$

と表される一般化力である.

式 (5・72) は q 次モードについての運動方程式であり, 一般解は式 (5・72) の右辺を 0 とおいた自由振動に対する一般解と, 式 (5・72) の**特解**（particular solution）を足し合わせたものとなる.

自由振動に対する一般解は, 式 (5・62) と同様に,

$$T_{q1}(t) = A_q \cos\omega_q t + B_q \sin\omega_q t \tag{5・74}$$

である.

特解については, 一つの例として, まず, 式 (5・72) の両辺をラプラス変換すると,

$$s^2 \bar{T}_q(s) + \omega_q^2 \bar{T}_q(s) = \frac{\bar{W}_q(s)}{M_q} \tag{5・75}$$

が得られる. ただし, $\bar{T}_q(s)$ と $\bar{W}_q(s)$ は, $T_q(t)$ と $W_q(t)$ をラプラス変換したものであり, その初期値はゼロとした. これを変形すると,

$$\bar{T}_q(s) = \frac{1}{M_q} \frac{1}{s^2 + \omega_q^2} \bar{W}_q(s) \tag{5・76}$$

となる. したがって, たたみこみ積分と $\sin$ 関数に関する逆ラプラス変換の結果を使うと,

$$T_{q2}(t) = \frac{1}{M_q} \int_0^t \frac{1}{\omega_q} \sin\omega_q(t-\tau)\, W_q(\tau) d\tau \tag{5・77}$$

が得られる.

したがって,

$$T_q(t) = T_{q1}(t) + T_{q2}(t)$$

$$= A_q\cos\omega_q t + B_q\sin\omega_q t + \frac{1}{M_q\omega_q} \int_0^t W_q(\tau)\sin\omega_q(t-\tau)d\tau$$

$$\tag{5・78}$$

が得られる. したがって, 一般解 $y(x,t)$ は,

$$y(x,t) = \sum_{q=1}^{\infty} Y_q(x)\{A_q\cos\omega_q t + B_q\sin\omega_q t + \frac{1}{M_q\omega_q} \int_0^t W_q(\tau)\sin\omega_q(t-\tau)d\tau\}$$

$$\tag{5・79}$$

と求まる.

【EPISODE】

　機械の故障や事故の大きな原因となるのが, 部材に亀裂が入り, やがて大きくなって破断することである. どのように壊れるかということを知るために, 振動している時の変形の様子を, あらかじめ調べることはとても重要である. これは, 地震時の建物の倒壊とも共通する課題である.

演 習 問 題 5

以下の演習をおこなうにあたり，必要であればつぎの値を用いよ．

$$\cos \kappa L \cosh \kappa L = 1 \ を満足する \ \kappa L = 4.73$$

$$\cos \kappa L \cosh \kappa L = -1 \ を満足する \ \kappa L = 1.88$$

また，座標系は本章で説明に使用したものを使う．

【5・1】 $x = 0$ で固定，$x = L$ 単純支持となる，一端固定他端単純支持はりの曲げ振動の振動数方程式と，規準モード関数を 2 次まで求めよ．

【5・2】 一端固定他端自由の軟鋼はりの曲げ振動において，はりの長さを 0.5 [m]，縦弾性係数を 206 [Gpa]，密度を 7.80×10^3 [kg/m^3]，断面積を 1.96×10^{-5} [m^2]，断面 2 次モーメントを 3.07×10^{-11} [m^4] としたときの，1 次の固有振動数を求めよ．

【5・3】 宇宙ステーションは，一本のトラス構造のはりを中心に，複数個の円筒形のモジュールが，はりの途中に取り付けられている構造を有するものが多い．そこで，本章で説明したモデルの 1 つを使って，はり単体の曲げ振動を考える．はりの長さを 100 [m]，縦弾性係数を 70 [Gpa]，密度を 3.00×10^3 [kg/m^3]，断面積を 3 [m^2]，断面 2 次モーメントを 1.25 [m^4] としたときの，1 次の固有振動数を求めよ．

【5・4】 演習問題 5・3 の振動の場合，居住モジュールを取り付ける場所として，中の宇宙飛行士に対して，加速度をなるべく感じさせないようにするには，どこがふさわしいか．

【5・5】 本章で説明したモデルの 1 つを使って，**図 5・14** の車両の上下方向の曲げ振動に対する 1 次の固有振動数を求めよ．ただし，車軸間の長さを 20 [m]，縦弾性係数を 70 [Gpa]，密度を 3.0×10^3 [kg/m^3]，断面積を 2.24 [m^2]，車体の断面 2 次モーメントを 2.94 [m^4] で，車輪と車体との取付け部の摩擦はないものとする．

【5・6】 $x = 0$ で壁に固定され，$x = L$ が自由端の，一端固定他端自由の境界条

件における軸のねじり振動に対して，振動数方程式と 1 次の規準モード関数を求めよ．ただし，各物理パラメータは，5・3 節で説明したものを使うこと．

【5・7】図 5・15 のはりの横振動に対して，境界条件を求めよ．

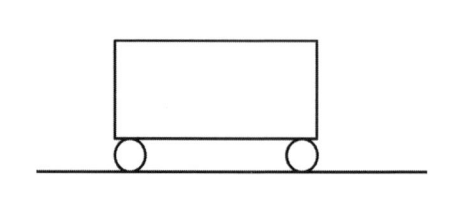

図 5・14

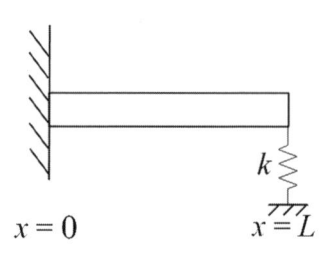

図 5・15

第6章　自励振動と安定性解析

　これまで，基本的な振動モデルの特性解析を見てきた．実際の機械システムに発生する振動現象は，これらのモデルの組み合わせで解析することができる場合が多いが，次数を上げたモデルでは解析が難しい複雑な振動も生じ得る．それもまた，機械システムに対する危険因子となる．ここでは，その中の自励振動について学ぶことにする．

> **【このポイントを押えよう】**
> ○自励振動の具体例を知ろう．
> ○理論解析をおこなうことの重要性を学ぼう．

6・1　振動と励振

　機械システムが動いていても，振動を発生させる要因が働かなければ，振動が生じることはない．このような要因を**励振**（ excitation ）と呼ぶ．そして，現実にはさまざまな励振が機械システムに働いている．

　励振は振動のきっかけとなるものであり，まずは変化する物理量の種類で見ると，力の形で作用する**力励振**（ force excitation ）と，変位の形で作用する**変位励振**（ displacement excitation ）に大きく分けることができる．

　例えば，道路の凹凸は路面形状の変化であるから，これは，車で言えば，まずタイヤに対して変位励振となる．一方，それによって変形したタイヤがもとに戻る時，タイヤに取り付けられているサスペンションにタイヤの復元力が働く．そのため，サスペンションに対しては励振力となる．

　つぎに，励振の波形についても，いくつかの波形に分類される．

　まず，振動的な波形があり，**周期的励振**（ periodic excitation ）と呼ばれている．これは，一定の間隔で，同じパターンが繰り返される波形であるが，必ずしもきれいな正弦波である必要はない．例えば，エンジンのピストンやクランク軸の駆動による振動は，取り付けられているボディに対して，周期的励振となって働くことで，ボディに振動を生じさせる．

　一方，繰り返しではなく，単発的な励振もある．これは，**無周期励振**（ aperiodic excitation ）と呼ばれている．例えば，車道と駐車場の間を，歩道を通って出入りするとき，歩道の段差があれば，それが励振となっていて，**ステップ励振**（ stepwise excitation ）と呼ばれる．さらに，その段差にスロープをつけていれば，それは**ランプ励振**（ ramp excitation ）と呼ばれる．また，走行中に小石に乗り上げたら，それは衝撃的な励振となるので，**インパルス励振**（ impulsive excitation ）と呼ばれる．

　そのほか，カオス的な波形となる**不規則励振**（ random excitation ）と呼ばれるものもある．

　これらの励振によって，機械システムに振動が発生すると，無周期励振のように単発的なものは，すぐに自由振動となり，ほとんどの場合は減衰に向かう．したがって，この時に機械システムとして注意することは，単発の励振による**衝撃**（impact）に対して，機械の強度が十分にあるかということである．

　一方，それ以外の励振は，連続的な励振であるため，強制振動が続くことが多く，なかなか振動が減衰しない．この場合は，衝撃はもちろんのこと，振動が長く続くので，繰り返し応力に対しても，強度が十分あるかということに注意を払う必要がある．また，励振の振動数が機械システムの固有振動数に近い場合は，振動のエネルギーが外部から供給され続け，しかも，振幅が大きいので，ダンパでの熱エネルギーなどによって外部に放出し尽くすことが難しい状況になり，たいへん危険である．システムの内部に溜まったエネルギーは，システムを破壊するエネルギーとして使われるのである．

　したがって，このような励振の影響を避ける努力をする必要がある．具体的には，励振の振動数とシステムの固有振動数を離す設計をする，励振の継続時

間ができるだけ少なくなるような運転環境を実現する，といった対策を考えなければならない.

6・2　自　励　振　動

前節で説明した振動は，どんな励振であれ，それがなくなると自由振動となるので，機械システムでは減衰性により振動がやがて収まる.

しかし，これ以外に，振動していること自体が励振となって，なかなか振動が収まらない現象も存在する.これは，**自励振動**（self-excited oscillation）と呼ばれていて，機械システムの重大な事故要因の一つとなっているので，設計時での検討が必要である.

ここで，振動していること自体が励振となる，ということを簡単に説明する.

自励振動とは，励振が，振動している物体の変位や速度，加速度などをパラメータとした力や変位の形になっていることが原因で，システムに発生する振動である.

多くの場合，さまざまな種類の振動が連成することで生じる.例えば，片持ちの薄板の曲げ振動が生じている時，板の重心の偏心によって，ある条件になったときに，曲げ運動による慣性力が，重心回りのモーメントとして働いて，板のねじり振動を誘発する場合がある.

つぎに，さまざまな機械システムでの自励振動の例をあげておく.

（1）飛行機・ヘリコプター・タービンで注意すべき振動

この機械システムは，翼を有しているが，片持ちの薄い板は，板のさまざまな変形が容易に生じるので，連成による自励振動が生じやすい，もっとも特徴的なものは，**フラッタ**（flutter）である.薄板はねじれやすいし，たわみやすい.そこで，ねじり振動と曲げ振動が，条件が整えば，お互い連成しあってフラッタを生じさせる.つまり，ねじれながら曲がるのである.

フラッタが生じると，繰り返し応力が翼にかかり続けるので，最悪の場合，翼が折れてしまう.

(2) ポンプで注意すべき振動

ポンプの場合も，多くは翼に相当する羽根を有しているので，フラッタの発生の可能性はある．

しかし，それよりもポンプ特有の自励振動として注意しなければならないのは，**サージング**（surging）である．ポンプは，液体や気体といった流体を，配管を通して遠くに送るための，いわば加速装置である．ポンプの羽根が高速で回転することで，流体の圧力を高めて，その力で配管内を遠くに送る．このとき，ポンプによって流体がどんどん送られると，配管内にどんどん流体が詰まってくる．配管の先は，弁によって流量を調節されている場合が多いので，配管の中の流体がどんどん詰められて圧力が上がる．しかし，あまり上がりすぎると，ポンプの押し出す力を超えてしまい，その結果として管内の圧力を均等化するために流体が逆戻りする．逆戻りすると，圧力が下がるので，ポンプの力が勝って，再び流体を送る．

このような現象が速い周期で繰り返しされると，それは取りも直さず，流体が配管の中で，行ったり来たりの振動を生じていることになり，これがサージングと呼ばれる現象である．

サージングが発生すると，ポンプの吐出能力が低下してしまい，ポンプの機能を果たせなくなる．最悪の場合は，羽根が流体によって振動を起こして破損する．

(3) 旋盤・フライス盤で注意すべき振動

ここで取り上げる工作機械は，切削工具を材料に対して立てて使うような構造になっている．一般的に，切削工具は細長い棒状のものが多く，取付け口に取り付けた状態でも，そこから切削点までの間は，ある程度の片持ち状態が存在する．工具も金属でできているため，復元性や減衰性を有している．

1つの解析例を説明する．材料を削るとき，材料の抵抗力で，少しは，工具が進行方向と逆方向に変形する．その変形が大きくなると，工具の復元力だけで材料を削るのに必要な力に達するため，材料を削りながら変形が戻る．戻ったら，再び，ある程度変形するまでは，工具の先端は，材料を削らずに，現在

の位置に留まったままとなる．このような工具の繰り返しの変形としての振動を**びびり振動**（chattering vibration）と呼んでいる．これの繰り返しが起きると，工具は材料を削っては止まり，削っては止まりを繰り返すため，加工跡が波打った状態になり，品質が劣化してしまう．また，工具が破損する場合もある．

(4) 車で注意すべき振動

タイヤ走行において，地面とタイヤとの間には摩擦があり，これによってタイヤは空転せずに走ることができる．しかし，現実には，タイヤの接地面での接地力は場所によってばらつきがあるため，接地面上で摩擦力の偏りが生じる．この偏りが，タイヤに対してさまざまな方向への運動を発生させる原因となる．特に，タイヤの回転軸回りの首降りやゆれなどが生じるが，この動きも一つの振動である．このような現象を**シミー運動**（shimmy）と呼ぶ．

シミー運動が生じると，ボディのふらつきの原因となり，乗り心地が悪くなる．最悪の場合，車輪支持機構の破損を起こす．

(5) 鉄道車両で注意すべき振動

鉄道はレールの上を車輪を使って走行するが，スムーズに動くように，レールの幅よりも車輪の幅を若干短くしている．もし，同じにしてしまうと，車輪がレールに噛んでしまって，まったく動かなくなるからである．

つまり，レールと車輪との間に遊びがどうしても存在してしまう．したがって，車両は，右のレールと左のレールの間を行ったり来たりしながら走行している．これは，直進時にも発生している．レールも車輪も左右が厳密に同じ形をしているわけではないので，摩擦力の違いが生じる．その力によって，車両はどちらかに寄っていく．左に寄っていくと，やがては車輪のフランジがレールに当たり，右方向に跳ね返される．そこで，今度は右方向に寄っていくことになる．やがて，右側の車輪のフランジがレールにあたって，左方向に跳ね返される．これは，レールの幅での車両の横振動である．

この現象は，一つの車両の前方の車輪と後方の車輪とで同じように生じているが，位相が前後で逆向きになる場合もある．これは，車両の回転運動を意味

しているので，回転振動となっている．

このように，車両が左右に回転しながら，レールの幅で往復する横振動を連動させている現象を**蛇行運動**（serpentine motion）と呼んでいる．

蛇行運動が大きく成長すると，やがて，フランジがレールを乗り越え，脱線，転覆の大事故を引き起こす．

以上見てきたように，各機械システムによって，事故に結びつくさまざまな自励振動が発生する可能性があるので，設計や運行時に注意が必要である．

最近のコンピュータを使った詳細な設計や振動解析，そして，精度の高い加工技術によって，今では，これらの現象が実際のシステムで発生する確率は極端に小さくなっている．実際，これらの自励振動による重大事故は皆無といってよい．

しかし，だからといって，もう過去のものかというと，そんなことは決してない．設計時や運行時にちょっとでも油断すると，すぐさま現れることは明白である．過去の事故の教訓を引き継いで，安全な機械システムを作り続ける必要がある．

6·3　線形系システムの安定性解析

振動現象にはさまざまなものがあることがわかったが，いずれも機械システムにとっては好ましくないものである．システムの運転中にこのような振動が発生しないか，そして，発生してもすぐに減衰することを，設計段階において把握しておくことが大切である．

その作業の1つに安定性解析がある．これは，システムの運動方程式を使って，振動の様子を調べる方法である．安定性解析は，システムの振動が減衰する性質のものかを見分けることが主たる目的であるが，解析によってどのような振動の特徴を持つかということもわかる．その中には，実際，機械を運転してもなかなか現れない振動だが，起こり得る可能性のあるものも含まれるので，事前検討として大切である．

　システムの運動方程式は，非線形微分方程式で表されるものがほとんどであるが，安定性の判断は，振動の平衡点近傍の線形化されたモデルの微小振動で十分である．ここでは，安定性解析の１つの方法である，特性根による解析方法を取り上げ，１自由度の線形振動系を例に，振動の安定性解析とはどういうものか具体的に説明する．

　おもり・ばね・ダンパが１つずつ付いた１自由度振動系の自由振動の運動方程式は，以下のように表された．

$$m\ddot{x} + c\dot{x} + kx = 0 \tag{6・1}$$

　この方程式の解を，

$$x(t) = Ae^{st} \tag{6・2}$$

と仮定して，運動方程式に代入すると，

$$A(ms^2 + cs + k)e^{st} = 0 \tag{6・3}$$

となる．したがって，

$$ms^2 + cs + k = 0 \tag{6・4}$$

が成り立たなければならない．この式は特性方程式である．

　この式は，s についての二次方程式であるから，解 s は一般的につぎのように複素数の形で表すことができる．j は虚数単位である．

$$s = \frac{-c \pm \sqrt{c^2 - 4mk}}{2m}$$
$$= Re + jIm \tag{6・5}$$

これは特性根である．

　よって，実部 Re や虚部 Im の値によって，解 x はさまざまな動きになる．そこで，各条件とシステムの動きの特徴との関係を以下にまとめる．ここで，漸近安定とは，平衡点のそばから出発した x が $t \to \infty$ において，再度平衡点に戻る状態のことである．

　(1) 無周期減衰運動

　①特性根の形：$s = Re$ の実数のみ　②実部符号：すべて負
　③安定性：漸近安定　　　　　　　　④運動の様子：**図6・1**

(2) 無周期発散運動
　①特性根の形：$s = Re$ の実数のみ　②実部符号：正のものがある
　③安定性：不安定　　　　　　　　　　④運動の様子：**図 6・2**

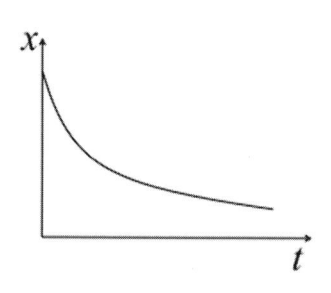

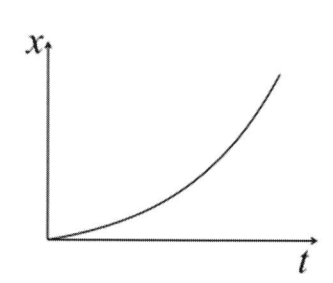

図 6・1　無周期減衰運動　　　　　　**図 6・2**　無周期発散運動

(3) 減衰振動
　①特性根の形：$Re + jIm$ の複素数　②実部符号：すべて負
　③安定性：漸近安定　　　　　　　　　④運動の様子：**図 6・3**
(4) 定常振動
　①特性根の形：jIm の複素数　　　　②実部符号：実部はナシ
　③安定性：中立　　　　　　　　　　　④運動の様子：**図 6・4**
(5) 発散振動
　①特性根の形：$Re + jIm$ の複素数　②実部符号：正のものがある
　③安定性：不安定　　　　　　　　　　④運動の様子：**図 6・5**

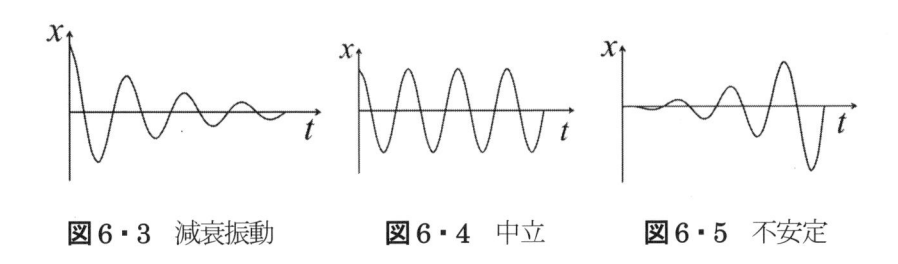

図6・3　減衰振動　　　　　**図6・4**　中立　　　　**図6・5**　不安定

以上の結果をみると，日常の経験ではなかなか見られない動きがいくつかあるのがわかる．

そもそも，本モデルは，おもり・ばね・ダンパが1つずつ付いた1自由度振動系を考えているので，ばねがあることから，往復運動である振動運動そのものしか現れないと考えがちである．あとは，各物理パラメータの値に応じて，その振幅や周期が変わるだけで，パターンは同じであると結論付けてしまう．

しかし，ここに見落としがある．経験から起こり得ると考えているのは，(3)の減衰振動のみであるが，他に4つのパターンが解析から出てきた．

(1)の無周期減衰運動は，第3章でも説明したが，振動せずに平衡点に戻るという動きである．これは，各物理パラメータを $\sqrt{c^2 - 4mk} = 0$ となるように選ぶことで，実システムで生じる動きであり，アナログのメータなどの機構として用いられている．

これに対して，(2)の無周期発散運動や(5)の発散振動は，式(6・5)からわかるように，ダンパ係数が負の値をとる場合が1つのケースとして考えられる．実際のシステムで，ダンパ係数が負であるようなダンパ装置というものはあまり使わないので，このような運動がおこることは想像しづらい．

しかし，例えば自励振動において，振動系に対する励振力としての外力が速度のパラメータになっている，以下の式で表される場合はその可能性がでてくる．

$$m\ddot{x} + c\dot{x} + kx = D\dot{x} \tag{6・6}$$

これを変形すると，

$$m\ddot{x} + (c - D)\dot{x} + kx = 0 \tag{6・7}$$

となるので，ダンパのパラメータ c よりも，外力のパラメータ D のほうが大きければ，(2) や (5) の運動は実システムでも当然起こりうる．

　例えば，**図 6・6** の切削加工時をモデル化したものを考える．工具に相当する質量 m のおもりの速度は $\dot{x}$，加工対象に相当するベルトの速度は v（一定）である．まず，おもりはベルトとの間の静摩擦によって，ベルト上をすべることなく，ベルトと同速度で右に移動する．

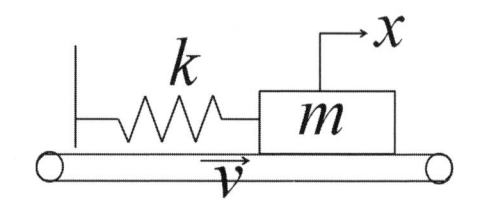

図 6・6　切削加工モデル

　やがて，おもりは，工具の弾性をモデル化したばね定数 k のばねの復元力によって，ベルト上をすべりながら，x 軸負方向へ戻される．このとき，工具は対象を削る．

　しかし，固体摩擦によりおもりは減速し，ベルトに対してふたたび静止する．

　そこで，すべっているときの運動を考える．おもり m が x 軸負の方向にすべっている時の運動方程式は，

$$m\ddot{x} + kx = F(v - \dot{x}) \tag{6・8}$$

となる．ここで，$F(v - \dot{x})$ はおもりがベルト上をすべっている時に発生する固体摩擦のモデル $F(z)$ で z は相対速度である．一般には，固体摩擦は速度によらず一定であるクーロン摩擦を考えるが，ここではより詳細なモデルとして，乾燥摩擦を考慮して速度が速くなれば固体摩擦力は小さくなるという，より厳密なモデルを採用する．したがって，常に $dF/dz < 0$ となっている．

$\dot{x}$ が v に対して十分小さいとして，$F(v - \dot{x})$ を基準点 v のまわりでテーラー展開して，1次の項まで採用すると，

$$m\ddot{x} = -kx + F(v) - \left.\frac{dF}{dz}\right|_{z=v} \dot{x} \tag{6・9}$$

となる．

　ここで，

$$X = x - \frac{F(v)}{k} \tag{6・10}$$

と置き換えると，$\dot{x} = \dot{X},\ \ddot{x} = \ddot{X}$ であるから式 (6・9) は，

$$m\ddot{X} + \left.\frac{dF}{dz}\right|_{z=v} \dot{X} + kX = 0 \tag{6・11}$$

と表される．

　よって，左辺の減衰力に相当する項の係数 dF/dz が厳密モデルの採用により負となっているので，この系は不安定となっている．

　ばね力の減少と固体摩擦力で，x 軸負の方向への移動が止まったおもりは，また，ベルトと一緒の動きをして，先に説明したことを再びおこなう．

　この動作の繰り返しは，おもりがベルト上で振動していることになり，摩擦があっても，いつまでも続くことになる．これが，系が不安定の状態で生じる自励振動の1つの例であり，びびり振動のメカニズムである．

　このように，機械システムの動きを調べるとき，われわれが日常経験したり，実験をおこなったりして得ている常識をもとに判断していたのでは，普段はおこらないが，その可能性がゼロではない事象を見落とすことになる．

　その意味で，理論解析は非常に重要であり，機械システムを設計するとき，決して省略してはいけない作業である．

　3次以上の自由度の系に対しては，運動方程式の各項の係数の符号と，係数を要素とするフルビッツ行列式の符号を使って安定性を判断する，ラウス・フルビッツの方法なども利用される．

【EPISODE】

理論解析は，数式モデルをもとに解析する手法である．したがって，数式モデルの精度が解析を左右する．式は非線形で，解析的に解くのは困難であるが，最近は，コンピュータによって，モデルの解を数字データとして計算する数値解析手法が発達しており，理論解析の精度は非常に向上している．

演 習 問 題 6

【6・1】飛行機におけるインパルス励振とステップ励振の例をあげよ.

【6・2】車への乗降時に,サスペンションに対するステップ励振とランプ励振にはどのようなものが考えられるか.

【6・3】つぎの線形システムが安定となる c の範囲を求めよ.

$$\ddot{x} + (8 - c)\dot{x} + 2x = 0$$

【6・4】図6・7の倒立振子モデルに対して,鉛直上方からのおもりの微小回転に対する安定性を解析せよ.

【6・5】この章で説明したさまざまな自励振動に対して,実際にそれが原因で生じた事故の例を調べよ.

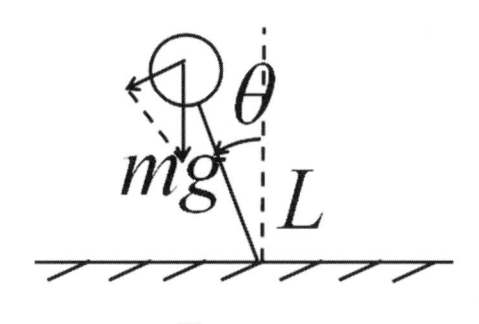

図6・7

第7章 回転機械の振動

機械システムの振動系に，励振に相当するさまざまな外乱が系の外から働くと振動が発生することはわかった．しかし，機械部品の1つである回転軸を有する回転機械については，多くの機械において，外からの励振とは別に，軸の回転運動そのものが励振となり得る場合がある．ここでは，そのしくみの基礎的な事柄について説明する．

【このポイントを押えよう】

○回転軸の振動は，軸が回転するだけで発生する場合がある．

○回転軸を設計するときに必要となる，検討事項について知ろう．

7·1 回転機械に特徴的な振動

回転機器の中心部品となる回転軸の運動を考える．回転軸は細長い軸が，**図7·1**のように，両側でベアリングを介して，フレームに取り付けられている場合が多い．

回転していないときは，これまで説明した，両端単純支持のモデルであるので，固有振動数や固有振動モードが得られる．

そして，回転が始まっても，この状態を保っている限りは，同じモデルとなる．

図7·1 回転軸

したがって，回転軸の振動は，まず，両端単純支持のモデルに対して，ベアリング等を介して，外部から励振が働いた場合に振動が生じる．

つぎに，回転軸の断面を見てみる．**図 7・2** は，軸の中間部の断面を表している．断面は円である．そこで，図中の黒丸を円の中心とする．一方，白丸は軸の**重心**（center of gravity）を表している．

さて，回転軸が回転し始めたとする．すると，停止していた時には生じなかった力が，軸に発生する．その主な力は，重心に発生する遠心力 f である．

遠心力は，以下の式で計算される．

$$f = mr\omega^2 \qquad (7・1)$$

ここで，r は回転半径であるが，今の場合は，回転中心と重心との距離である．これを**偏心量**（eccentricity）と呼ぶ．また，ω は軸の自転の角速度である．

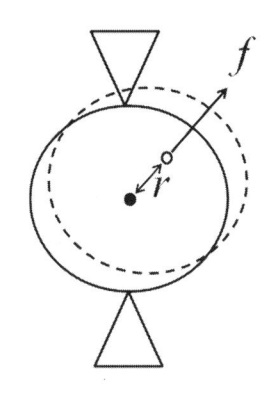

図 7・2　回転軸中間部の変形

したがって，回転軸はこの力によって，実線の静止時の位置に対して，点線のように外側に引っ張られる．すると，図 7・1 でわかるように，両側が単純支持されている中で，真ん中がたわんだ状態になる．

これは，回転時のある瞬間の状態を表しているが，軸が自転することで，このたわんだ形状のまま，ベアリングを回転中心として回転する．これは公転運動である．この状態を横から見ていると，図 7・1 において，軸の真ん中が振動している状態になる．

これが，回転軸に特有の振動である．たわんだ状態の回転を軸のふれまわりと呼ぶ．公転が生じる原因のため，自転と公転の角速度は一致する．

さて，回転軸は金属材料で製作されている場合が多く，弾性を有する．そこで，単純モデルとして，そのばね定数を k とすると，遠心力とばねの復元力が釣り合うので，

$$m(r + x)\omega^2 = kx \qquad (7 \cdot 2)$$

が成り立つ．ここで，x は軸のたわみ量である．

今，$r \ll x$ とすると，

$$\omega = \sqrt{k/m} \qquad (7 \cdot 3)$$

が得られる．これは，この系の固有円振動数であることから，この角速度で回転すると，回転軸の固有振動が発生し，しかも，それが継続する危険な状態になる．この ω のことを**危険速度**（critical speed）と呼ぶ．

一方，式（7・2）より，

$$x = \frac{mr\omega^2}{k - m\omega^2} \qquad (7 \cdot 4)$$

が得られる．式（7・4）より，回転速度 ω を一定とすると，たわみ x は偏心量 r と比例の関係になっているので，r が小さいほど x も小さくなり，偏心量がゼロではたわみもゼロとなる．

このように，回転軸が回転すると，外部からの励振がなくても軸の偏心があると，それが励振となって振動が生じる可能性があり，しかも，回転速度によっては，軸の固有振動数に近い振動が生じる．そして，回転が続く限り，一種の強制振動の形になっているので減衰することは難しい．

ほとんどの機械システムでは，なんらかの回転軸を有しているので，どんなに外からの励振を防いでも，回転軸を持たない機械システムに比べれば，固有振動が発生する可能性が大きい．そして，回転機械は振動に起因する故障が機械システムの中で一番多くなっている．

したがって，この遠心力による振動に対して，特別な検討が必要になるのである．

7·2　回転機械の設計

このような特別な振動が生じる機械システムに対して，設計や運用時にどのような対策をしておけばよいのであろうか．

　まず，振動数の点で考えると，式 (7・3) より，軸の回転数と軸の曲げ振動に関する固有振動数がほぼ一致する場合がある．したがって，第一の方法として，軸の固有振動が発生する，あるいは継続することをできるだけ回避することである．

　そのために，

　（1）定常運転速度を回転軸の固有振動数より遅くする．

　（2）定常運転速度が回転軸の固有振動数より速いときは，できるだけ速く固有振動数を通過するようにする．

といった対策が考えられる．

　（1）の方法を実施するためには，軸の剛性をできるだけ上げる必要がある．軸を太くする，または，高剛性の材料を使う，といった対策が可能であれば実施できる．

　（2）の方法は，多くの機械システムで実施されている．例えば，車のエンジンの回転数は，スタート時の回転数ゼロから出発して，まず，アイドリング時が第一の定常運転状態である．この，アイドリング時の回転数（ 約 800 rpm ）に到達するまでに，クランクシャフトや，エンジンが取り付けられているフレームなどに関する，いくつかの固有振動数を通過する．

　この時，振幅は大きくなるが，すぐに通過するので固有振動は減衰し，大きな影響は及ぼさない．

　つぎに，振幅の点で考えてみる．式 (7・4) より，偏心量 r が小さいほど，たわみ x が小さくなるのがわかる．したがって，もし，固有振動が発生したとしても，振幅を小さく抑えておけば，軸の変形が小さくなるので，応力面での負担も軽減される．

　そこで，軸の偏心量を減らすことを考える．偏心は軸の中心と重心とのずれであるから，これを減らすには軸や回転機械の製作精度を上げればよいことになる．しかし，精度を上げることは簡単ではない．それなりの時間と労力，そして，精度の高い工作機械が必要になるからである．これは取りも直さず製造コストに跳ね返ってくる．

　そこで，機械の種類によって許容される偏心量を設定し，設計・製作や運用時にこの基準を目安にすることが望まれている.

　実際には，工作や組立で発生した誤差に対して，つぎの節で説明する，誤差を軽減するつり合わせをおこなった後の偏差の許容量に相当するものが対象回転機械とともに，**JIS 規格**（JIS standard）に参考データとして掲載されている. 概要をまとめると，つぎのようになっている（JIS B 0905-1967 より）. 高速で回転する機械ほど，要求が厳しくなっているのがわかる.

（ジャイロスコープ・超精密研削盤といし軸・といし車および電機子など）

　　　　　使用最高回転数 1,000 ～ 100,000 [rpm]

　　　　　つりあい良さの上限 0.4 [mm/s]

（音響機器の回転部・研削盤のといし軸など）

　　　　　使用最高回転数 500 ～ 60,000 [rpm]

　　　　　つりあい良さの上限 1 [mm/s]

（タービン・ターボ圧縮機・製紙ロール・工作機械主軸・小型電機子など）

　　　　　使用最高回転数 200 ～ 40,000 [rpm]

　　　　　つりあい良さの上限 2.5 [mm/s]

（プロセスプラント用機器・遠心分離機ドラム・ポンプ・中型および大型電機子など）

　　　　　使用最高回転数 110 ～ 40,000 [rpm]

　　　　　つりあい良さの上限 6.3 [mm/s]

（圧搾機および農業機械の部品など）

　　　　　使用最高回転数 70 ～ 20,000 [rpm]

　　　　　つりあい良さの上限 16 [mm/s]

（自動車の車輪や 6 シリンダ以上の高速 4 サイクルエンジンクランク軸など）

　　　　　使用最高回転数 30 ～ 8,000 [rpm]

　　　　　つりあい良さの上限 40 [mm/s]

（一般のエンジンクランク軸など）

　　　　　使用最高回転数 ～ 4,000 [rpm]

つりあい良さの上限 100 ～ 4,000［mm/s］

ここで，つりあい良さとは，つぎの式で計算されるパラメータ $\varepsilon\omega$ である.

$$\varepsilon\omega = \frac{ma}{M} \times \omega \qquad (7 \cdot 5)$$

ただし，ε は**偏重心**（mass eccentricity），m はつり合わせのために軸に取り付けたおもりの質量，a は軸の中心とおもりとの距離，ω は回転速度，M はロータと軸の質量である.

7·3　回転軸のつり合わせ方法

機械部品を製作する場合やそれらを組み立てる場合，必ず誤差が生じる. それらの許容誤差は，設計図に指定されているが，それでも組み上がったあとに最終調整作業は必要になる.

回転軸に生じる振動を減衰させるためには，ダンパ装置を付加したり，軸に対して減衰性の大きい材質を選ぶ方法が，まず考えられる.

しかし，軸は回転しているので，ベアリング等を介して軸にダンパを取り付ける必要があるが，そのための装置は大掛かりになる.

また，減衰性の大きい材質は，剛性が金属より低いものが多いので，高速で回転する軸に対する材料としては用いるのが難しい.

そこで，回転機械の場合は，回転軸のふれまわりをできるだけ抑えるために，回転軸の中心と重心とのずれを調整することも必要である. この作業を**つり合わせ**（balancing）と呼ぶ.

つり合わせの基本は，偏っている重心の位置を，回転体におもりをつけることで修正することである.

原理を**図 7・3** を使って説明する. 黒丸の円中心に対して，白丸の重心が図の位置にずれている場合，回転軸を 2 本の平行なナイフエッジの治具の上に静かに置くと，重心に重力 Mg が働くので，重心が下になるように転がって止まる.

　そこで，重心と中心を介して反対の方向に，質量 m のおもりを取り付ければ，白丸の重心位置を黒丸に近づけることができる．中心とおもりとの距離は，軸を削ることはあまり好ましくないので，形状の変化で調整することができない．したがって，おもりの質量を調整して，白丸を黒丸に近づければよい．これを**静つり合わせ**（static balancing）という．

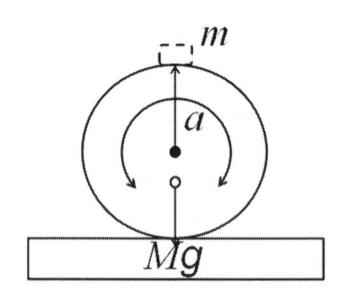

図 7・3　静つり合わせ
（軸の断面）

　この場合の調整量は，2 つのおもりに対する重心位置の計算式を応用して求めることができる．つまり，**図 7・4** において，重心 P の座標 (x_p, y_p) は，おもり m_1（軸の質量相当）の座標 (x_1, y_1) と，おもり m_2（調整おもりの質量相当）の座標 (x_2, y_2) を用いて，つぎの式で計算できるので，

$$x_p = \frac{m_1 x_1 + m_2 x_2}{m_1 + m_2} \tag{7・6}$$

$$y_p = \frac{m_1 y_1 + m_2 y_2}{m_1 + m_2} \tag{7・7}$$

重心を中心に持っていきたいときは，重心 P の座標を $(0, 0)$ とすればよい．

　これが，軸の断面でのつりあわせの基本であるが，軸はある程度の長さがあるので，ある断面で静つり合わせをおこなっても，他の面でもその状態が同じように実現されている保証はない．むしろ，他の断面では重心が異なった位置にある場合が多い．このようにある断面の重心と，他の断面の重心の方向が異なる場合，遠心力も異なった方向に働くため，**図 7・5** のように，ふれまわりとは別に，軸と垂直な方向周りの回転振動を生じさせることになる．この状態

を**動不つり合い**（dynamic unbalance）という.

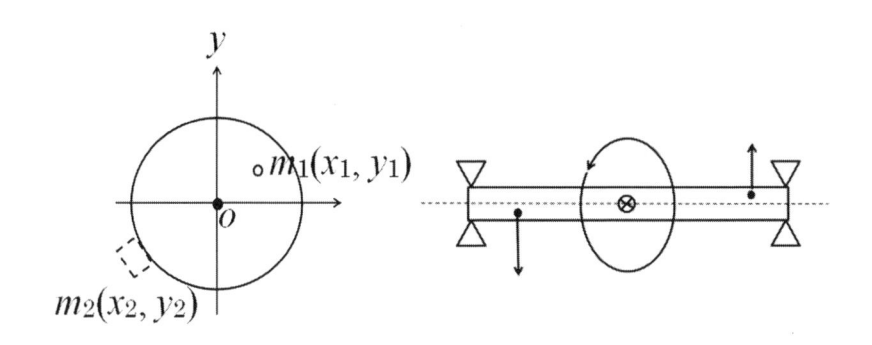

図7・4　重心の計算　　　　　　図7・5　動不つり合い

　これを防ぐために，軸の2つの断面で，先のおもりによる静つり合わせをおこなうこともある．これを動つり合わせと呼ぶ.

　これらのつり合わせは，いずれも，軸を回転させず，軸が弾性変形しないものとして調整する方法である.

　しかし，固有振動においては，軸のたわみが大きくなると，静つり合わせの時よりも，偏心量が増大していることになる.

　そこで，たわんでいる状態を考慮したつり合わせが必要な場合には，各振動モードを解析的に求めて，たわみが大きくなる断面を選び，たわみの影響も考慮したおもりの調整をおこなう方法もある.そのような方法の一つの例として，モーダルバランス法が実施されている.

　軸の回転速度が速くなると，より，精密なつり合い作業が必要となる．そこで，実際の運転状態に近い形でのつり合いをおこなうため，**つり合い試験機**（balancing machine）という専用の機械で作業をおこなう場合もある.これは，軸を実際に回転させた状態でバランスの偏りを計測し，おもりを取り付けるた

めのデータを導く測定機である.

　軸のサイズが比較的小さい場合は，試験機に直接取り付け，実際に回転させて軸のふらつきを調べることで，不つり合い量と重心のずれ位置を表す位相が表示される.

　一方，タービン軸など，大きなサイズの軸は試験機に取り付けることができないので，現場でタービンの軸受け等に振動センサをとりつけ，そのデータをディジタル計測機で取り込んで，つり合いに必要な情報を得る.

【EPISODE】

　回転軸を有する機械の製造は，ここで説明したつり合わせ作業以前に，組み立て作業において，回転軸の中心をベアリングなどの中心に正しく取り付けることが必要である．これを芯出しというが，これを怠るとさまざまな影響が生じる.

演 習 問 題 7

【**7・1**】片持ばりタイプの回転軸の先端に，質量 m の薄い円盤を取り付けた回転機械の危険速度を求めよ.

【**7・2**】両端単純支持はりタイプの回転軸の中央に，質量 m の薄い円盤を取り付けた回転機械の危険速度を求めよ. ただし，ばね定数 $k_b = 48EI/\ell^3$，$m = 10\,[\,\mathrm{kg}\,]$，$\ell = 1.0\,[\,\mathrm{m}\,]$，ヤング率 $E = 206\,[\,\mathrm{GPa}\,]$，軸 の 直 径 $d = 0.1\,[\,\mathrm{m}\,]$とする.

【**7・3**】**図 7・6** の回転軸の断面において，静つり合いはどのようにすればよいか. ただし，軸の半径を $10\,[\,\mathrm{mm}\,]$，つり合い前の重心の座標を（$5\,[\,\mathrm{mm}\,]$，$0\,[\,\mathrm{mm}\,]$），重心にかかる質量を $40\,[\,\mathrm{g}\,]$ とする.

【**7・4**】**図 7・7** の回転軸の断面において，静つり合いはどのようにすればよいか. ただし，軸の半径を $10\,[\,\mathrm{mm}\,]$，今度は，つり合い前の重心の座標を（$4\,[\,\mathrm{mm}\,]$，$4\,[\,\mathrm{mm}\,]$），重心にかかる質量を $20\,[\,\mathrm{g}\,]$ とする.

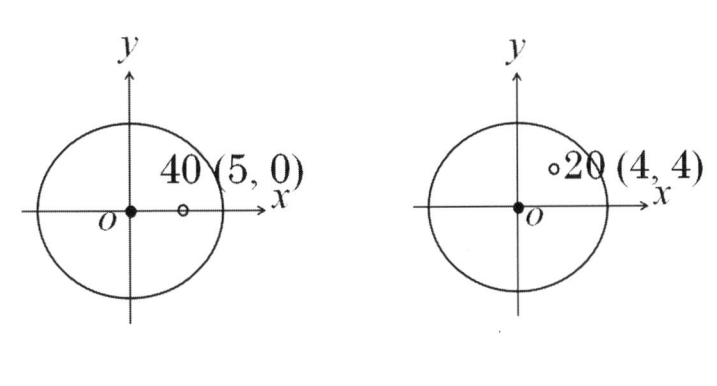

図 7・6　　　　　図 7・7

第8章　振動データのディジタル信号処理

　最近の振動解析では，コンピュータの発達によって振動データを容易に解析できるようになり，研究開発や設計，メンテナンスなど多くの現場で利用されている．そのため，ディジタルデータ処理の基礎事項を知っておくことは重要である．本章では，コンピュータによる振動データ処理の概要を説明する．データ処理においては，計算パッケージの利用が中心となっているので，理論については，そこで使われる式の説明に限定している．ここでは，データ処理の全体像を把握してほしい．また，これまで機械システムのトラブルの原因として扱ってきた振動であるが，同じ振動である音声や画像のデータは，有用なものとして多くの機械システムでも利用されている．そこで，振動としての音声・画像データについても触れる．

【このポイントを押えよう】
　〇ディジタル信号処理の基礎知識を学ぼう．
　〇音声や画像データも，機械振動と同じ扱いができることを知ろう．

8·1　ディジタル信号処理の基礎

　振動解析で用いられるコンピュータは，ほとんどがディジタルコンピュータであり，ディジタルデータを扱う．そのため，振動を解析するときも，ディジタルデータとして扱う必要がある．しかも，**アナログ信号**（analog signal）が時間に対して**図8·1**のような**連続信号**（continuous signal）であるけれども，コンピュータ内の信号は，**図8·2**のような，ある時間間隔毎のとびとびの**離散信号**（discrete signal）の形が扱われる．

　実システムの現象は，アナログ信号がほとんどであるから，その信号をコンピュータで処理するためには，ディジタルデータへの変換が必要である．また，コンピュータでの処理結果をもとにシステムに働きかける時，例えば制御をする時は，逆にディジタルデータからアナログデータへの変換が必要である．

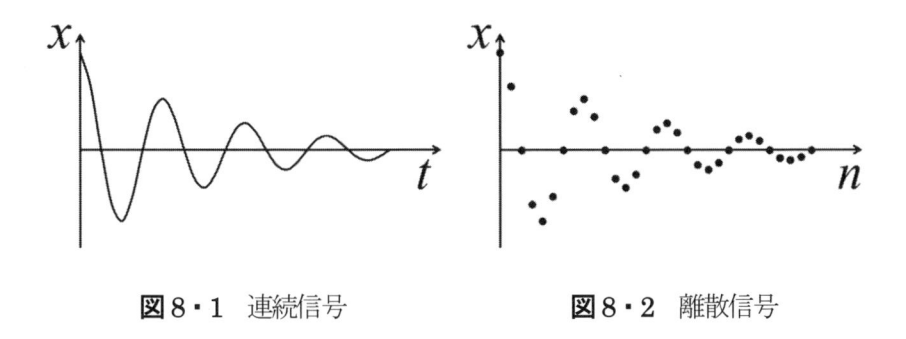

図8・1　連続信号　　　　　図8・2　離散信号

　したがって，実システムとコンピュータをつないでデータをやりとりするためには，インターフェース部での処理を介した，**図8・3** のようなシステムを構築する必要がある．

　[前処理]

　つぎに，各要素について説明する．まず，前処理部である．ここは機械システム内のアナログ情報を，コンピュータで扱う離散ディジタル情報に変換する要素である．主な機能は，センサを使ってアナログ信号を取り込む機能，信号の中から必要な情報だけを正確に取り出すためのフィルタリング機能，そして，アナログデータをディジタルデータに変換するサンプリング機能で構成されている．

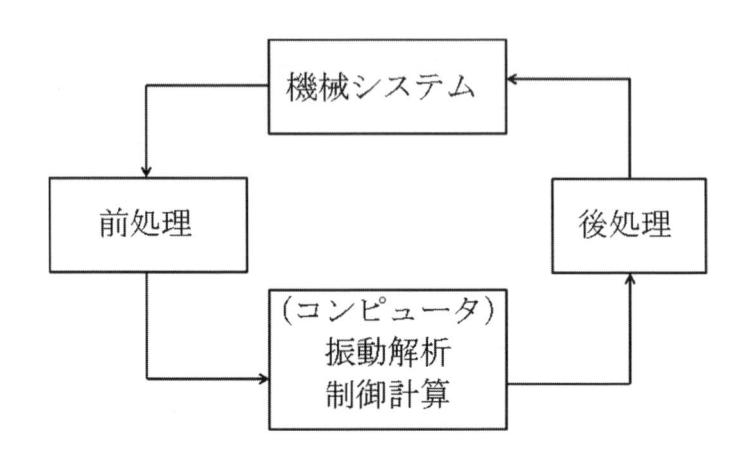

図 8・3　ディジタルデータ処理システム

（1）振動センサ

　振動を計測するセンサは，大きくわけて，変位によって振動を計測する変位センサ，加速度で計測する加速度センサ，力で計測する力センサの 3 種類がある．ほとんどのセンサは，振動をアナログの電圧の変化として取り込む．

　また，対象物に直接取り付けてセンシングする接触型と，レーザー光などを使って離れたところから振動の状況をセンシングする非接触型がある．

（2）フィルタリング

　取り込まれた信号には，純粋な振動情報のほかに，さまざまな雑音が混ざっている．そこで，コンピュータで解析する前に，これらの不要な雑音を取り除いておく必要がある．

　まず，計測対象の動きを表す信号に対して，かなり遅い周波数によるゆっくりとした変動が存在している場合がある．これをドリフトと呼ぶ．一方，電気回路などには，かなり高周波の雑音が発生する場合がある．そのため，これら

の低周波・高周波の変動を除くため，ローパス・ハイパス・バンドパスなどのフィルタを利用して除去する必要がある．このフィルタには，電気回路で実現される**アナログフィルタ**（ analog filter ）と，コンピュータへの取込み後にソフトウェアの計算で処理する**ディジタルフィルタ**（ digital filter ）の 2 種類がある．ディジタルフィルタに対しては，さらに，時系列データに対しておこなうものと，周波数データに対しておこなうものの 2 種類がある．アナログフィルタは，センサとコンピュータとの間に入れる．

　(3)　サンプリング

　アナログ信号をディジタル信号に変換する場合，**アナログ／ディジタル変換器（ A／D 変換器 ）**を使う．これは，電気的なスイッチ（ サンプラ ）と A／D 変換素子で構成されており，ある瞬間スイッチが入ったときだけアナログ信号が取り込まれ，変換素子でディジタル量に変換されて（ 例えば 16 ビットならば，16 本の信号線上を，電気を流す（オン），流さない（オフ）状態にわけて ），コンピュータに入力する．

　スイッチのオン・オフのタイミングについては，つぎの定理に従う必要がある．

（ シャノンのサンプリング定理 ）
　アナログ信号のサンプリングに対しては，解析対象に関係する信号に含まれる周波数の最高周波数 f_{max} に対して，$2f_{max}$ 以上の周波数でおこなう必要がある．

　なぜなら，例えば，信号が正弦波のとき，サンプリングの時間間隔が，ちょうど正弦波の山の頂上のところだけを取り込む間隔だと，頂上の値しかコンピュータに取り込まれず，一定値として解釈されてしまうからである．

　(4)　データの切り出し

　振動解析等をおこなうとき，サンプリングしたすべてのデータではなく，その一部を切り出して使う場合がある．そのとき，切り出したある区間のデータをそのまま使うと，解析結果に影響を及ぼす場合がある．

　これは，その部分のデータだけを見ているコンピュータにとって，それまで，

振幅がゼロだったものが，突然振動が発生したものなのか，振動が継続している途中のデータなのか区別できないからである．

　一般的に，振動が生じ始めた過渡状態のデータに対しては，そのまま切り出してもよい．一方，定常状態のデータの場合は，そのまま持ってくるのではなく，例えば**図 8・4** のような窓枠を通してデータを切り出してくることが必要である．この例の場合，切り出した後の n 番目のデータ $x_{after}(n)$ は，切り出す前のデータ $x_{before}(n)$ に対して，つぎの計算をおこなって得られる．

$$x_{after}(n) = W(n) \times x_{before}(n) \tag{8・1}$$

ただし，$W(n)$ は，図8・4の窓枠の形をあらわしていて，

$$W(n) = \frac{1}{2}\left(1 - \cos\frac{2\pi n}{N}\right) \tag{8・2}$$

であり，切り出し以外の区間では，$W(n) = 0$ である．N は有限のサンプリング個数をあらわしている．

　この形は，ハニング窓と呼ばれている．そのほかにも，図8・4の枠が，全体で上に少し平行移動した形のものや，台形に近い形の窓なども用意されている．

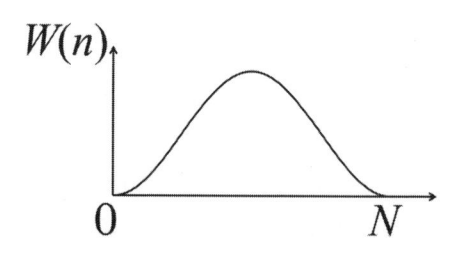

図8・4　ハニング窓形状

[振動解析・制御計算]

　コンピュータ内では，各振動解析のための計算がおこなわれるが，もっとも重要なのは，スペクトル解析であり，振動の周波数と位相角を求めるものである．ここで主に用いられる処理は，時間域のデータを周波数域のデータに変える**フーリエ変換**（Fourier transform）の計算を，ディジタルデータに対して，計算の効率化によって高速かつ離散的に処理をおこなう，**離散高速フーリエ変換**（ Discreet Fast Fourier Transform, DFFT ）である．これは，式 (8・3) の

ように離散時系列データ $x(n)$ がさまざまな周波数の正弦波成分で構成され
ていると考え(ただし複素数の形), それぞれの周波数成分 $X(k)$ を, $x(n)$ を
使って式 (8・4) をもとにして求めるための高速計算アルゴリズムである. さ
らに, 周波数域のデータを, 逆に時間域のデータに変換する**逆離散高速フーリ
エ変換**(Inverse Discreet Fast Fourier Transform, IDFFT) も使われてい
る. 先に説明した式 (8・3) はIDFFT の基本式を表している. j は虚数単位で
ある.

$$x(n) = \frac{1}{N}\sum_{k=0}^{N-1} X(k)(\cos\frac{2\pi}{N}nk + j\sin\frac{2\pi}{N}nk)$$

$$(n = 0, 1, \cdots, N-1)\qquad (8 \cdot 3)$$

$$X(k) = \sum_{n=0}^{N-1} x(n)(\cos\frac{2\pi}{N}nk - j\sin\frac{2\pi}{N}nk)$$

$$(k = 0, 1, \cdots, N-1)\qquad (8 \cdot 4)$$

　例えば, 高周波ノイズ込のデータ $x(n)$ をフーリエ変換して, スペクトル
$|X(k)|^2$ を導出したのち, 高周波域 (k の大きいほう) のフーリエデータを除
いて, 逆フーリエ変換をすることで, ノイズのなくなった時系列データを得る
ことができる. これは周波数域のローパスフィルタ処理である.

　制御計算については, 振動データを使ったさまざまな制御が実施されている
が, 一つの例として, アクティブ制振システムがある. これは, 構造物, 例え
ばビルに対して, 地震時にビルの揺れが生じた場合, 油圧アクチュエータなど
で外から力を加えることで, ビルの揺れを小さくする装置である. ビルの揺れ
をセンシングして, その波を打ち消す逆位相の波をアクチュエータが作ってビ
ルに作用するように, この部分でアクチュエータの指令値を計算する.

　[後処理]

　後処理部は, コンピュータでの計算結果をもとに, 機械システムに対してな
んらかの働きかけをする場合に必要となる. 例えば, 上述のアクティブ制振シ

ステムの場合である.

　そこで，今度はディジタルデータをアナログデータに変換する**ディジタル／アナログ（D／A）変換器**が必要となる．D／A変換器は，簡単に言えば，D／A変換素子と零次ホールド回路で構成される．コンピュータからは，サンプリング時間ごとに，とびとびにディジタル量が出力される．そこで，まず，ディジタル量を変換素子でアナログ量に変換したのち，零次ホールド回路でつぎの値が出力されるまで，現在の値を持続する．こうすることで，**図8・5**のように階段上にはなるが，連続のアナログ量が機械システムに出力される．

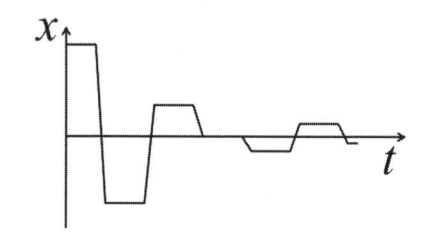

図8・5　零次ホールドデータ

8・2　振動としての音声データ

　音は空気の振動であり，空気の圧力変動が伝わっていく．機械システムで生じるさまざまな振動は，機械部品を揺らすだけでなく，それを通してその部品に接触している空気も揺らす．この空気の振動が周りに拡散し，他の構造物を揺らしてあらたな加振源となったり，あるいは，われわれの鼓膜を揺らして，騒音として認識させたりする．マイクで取得した声のデータの例を**図8・6**に示すが，機械振動のデータと同様の波形の特徴を有している．音波の運動方程式（圧力変動を表す式）は，第6章で説明した波動方程式となっている．したがって，機械振動で説明したさまざまな振動解析の手法が同じように使える．

　さて，音声をディジタルデータの形で扱うためには，基本的に前節で説明した各処理が必要であるが，特に音声で注意するのはサンプリング周波数である．例えば，人間に聞こえる音は，20〜20,000［Hz］の範囲であるため，サンプリ

ング周波数も，最高値の 20,000 [Hz] に対して，2倍の 40k [Hz] が少なくとも必要である．そのために，高い能力を持ったA／D変換素子を使う必要があるが，コストも高くなる．

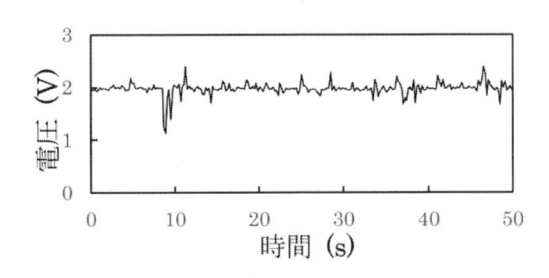

図8・6　音声データ

　振動としての音声の解析は，時系列データを使う場合もあるが，一般的には DFFT によって得られる周波数スペクトルを使う場合が多い．音の特徴を表す3要素は，高さ・強さ・音色である．

　高さは，周波数の値で決まる．値が大きいほど，音の高さも高くなる．音の強さは，パワーとして，各周波数の振幅の値が大きいほど，その高さの音の強さも大きい．音色は，各周波数成分の混ざり具合で決まる．特に，音の高さを決める基本周波数に対して，その2倍，3倍の高さといった，倍音，3倍音等の周波数音の各振幅の比率で決まる．

　その意味でも，横軸に周波数，縦軸に各周波数の振幅の二乗値をとったパワースペクトルは，有効なデータである．特に，縦軸は二乗値の対数をとって20倍した [dB] 単位のデータを使う．

　音声は，騒音に代表されるようにトラブルの原因でもあるが，同時に声や楽器などとして有効活用もされる．どちらも共振によって，パワーが大きい状態が継続していることが特徴となっている．

　人の音に対する感じ方は，感性の問題であり，だれもが必ずそう感じるという事象ではない．1つの音が不快に感じれば，その人にとっては騒音であり，一方，別の人が好ましく感じるのであれば，それは単なる音となる．また，同じ人でも，そのときの気分や，周りの環境によっても，同じ音の感じ方が異なる場合があるので対応が難しい．

　騒音問題が生じたとき，スペクトルなどで音の特徴を把握するとともに，音源の推定も重要である．一般的に，音の強さが，昼間や夜間，場所に応じて，こういう範囲を超えた場合騒音とみなす，という指針はいくつかの法律によって記述されている．しかし，それに入っていなければ，騒音ではないと言えるかというと，人の感じ方の問題であるので，そうとも言い切れないところがある．

　音源の特定についても困難な場合が多い．音は，空気中はもちろん，広く弾性体も伝わってくるので，はるか遠くの音源の振動が，いろいろなところを通して伝わってきて，最後のところで構造物と共振して，人に騒音として影響する場合も多々ある．

　遮音については，音のエネルギーを吸収する遮音カバーなど，いろいろな方法が実施されているが，音は漏れやすく，完全に消音することは困難である．

　一方，音として利用する場合は，共振を積極的に利用して，できるだけ少ないエネルギーで大きな音を作ることがおこなわれている．

　われわれの声は，非常に効率的な音発生装置を有している．基本的には，**図8・7**のシステムで声を発している．音源は声帯である．のどの奥に左右に薄い膜を配置して，2つの膜の隙間の間隔を狭めながら，息を吐くことで振動させて音を作る．この時の音は，いろいろな周波数成分を含んだ，いわば，ホワイトノイズに近いものである．声帯の緊張の調節で音の高低，吐く息の強さで，音の強弱をコントロールしている．

　この音は，気道と口腔内を順次通過していくが，ここで，共振が生じて，管の特徴に特化したスペクトルの声に形成され，さらに口先へと進む．気道や口腔内の形状を意図的に変化させることで，母音や，その人固有の声色が作られる．その時，一つの周波数の音だけが共振するのではなく，さまざまな周波数が共振して，独特のスペクトルパターンになる．

　最後に，唇を通して空気中に放出されるが，舌や唇を素早く動かしての破裂音や，唇を閉じて鼻に抜ける鼻音などの子音がここで形成される．

　個人特有の音声のスペクトルパターンは，声紋として個人の識別にも使われ

ている．特に，気道や口腔内の特徴は，ある程度似せることができ，これがものまねとして使われているが，声帯の特徴は変えることができないので，声帯のスペクトルパターンを推測して，個人識別の精度をあげることもおこなわれている．

　楽器の場合は，**図8・8**のようなシステムでモデル化できる．楽器の場合は，音源となる弦やマウスピースのところで，特定の音を作っておいて，その先の共鳴体を通すことで，基本音のほかに倍音，3倍音等も増幅し，その楽器特有の音を開放口から放出する．

　音声合成もよく使われているが，最終的に人の耳にとどく音声のスペクトルパターンを作ればよいので，さまざまな方法が利用されている．

　以前は，実際に人が話した言葉のデータを数多く集め，それを繋ぎ合わせて再生することで，目的の文章を合成していたが，多くの容量のメモリーが必要なことと，繋ぎの部分で途切れるため精度は低かった．

　しかし，メモリー容量の増大化によって，高音質のデータ収録が可能になった．また，単語と単語を繋ぐ技術も進歩したため，なめらかな文章発声が容易になったことで多くの場面で利用されている．

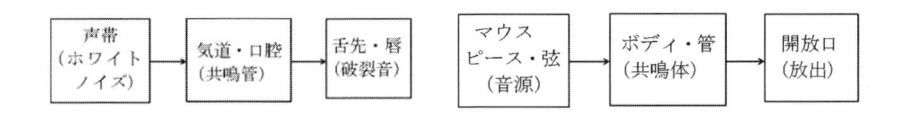

図8・7　声の発声システム　　　　**図8・8**　楽器音発生システム

一方，図8・7のようなシステムそのものを忠実に再現する方法も研究されている．一つは，機械的に人工の声帯や気道・口腔モデルを作って発声するものであり，もう一つは，すべてディジタル信号処理系として，ソフトウェアや電気・電子回路で実現する方法である．いずれも，先の録音方式と比べると，声の精度はまだ劣っている．

楽器についても，図8・8の機能をすべてディジタル信号処理システムで作った，シンセサイザーのような電子楽器が実現されている．

8・3　振動としての画像データ

画像データは，カメラや画像処理技術の進歩によって，機械システムでもよく利用されている．製品の出荷前の不良品の検査において，画像によるチェックをおこない，不良品と判断されるとベルトコンベアから自動的に取り除くシステムや，画像による環境認識を用いた移動ロボットなどである．

画像データは光の強弱のデータであるから，これまで見てきた振動データとは異なるように思えるが，画面上のある一か所に着目すれば，その点の光の強弱は動画である場合，時間が経つとともに変化する．そして，その強さは最大値と最小値の間で変化することになるから，時間の変化に対応して変化する振動データとなる．

また，1つの静止画において画面の左上から真横に画素毎の光の強弱のデータを並べていくと，やはり，その強さは最大値と最小値の間で変化することになるから，時間ではなく位置の変化に対応して変化する，振動データとなっている．したがって，このデータ取得を右端までおこなったあと，1つ下の段の画素に下がって，再び左端から真横にデータを繋いでいく（走査と呼ぶ）ことで，1つの画面を，1つのデータ列として扱うこともでき，これも，やはり振動データである．

このように，画像データも振動データであるから，これまで見てきた振動解析の手法が適用できる．

　画像データの多くは，CCDやCMOSカメラによって，明るさのディジタル
データとして取り込まれる．カメラの画面は多くの画素で構成されており，一
つ一つが光のセンサとして光の強さをセンシングする．サンプリングレートは，
例えば，1秒あたり180フレーム（fps）のデータを取り込むものがある．

　白黒画像は，グレーの濃淡のデータ（通常8ビットデータ）であるが，カ
ラー画像の場合は赤・緑・青（RGB）の3色に分解して，それぞれの濃淡デー
タを得る（3色合計で最大24ビットデータ）．例えば，**図8・9**は写真のグレ
ースケールデータ（最大値256）を走査したデータを横に並べて繋いだもので
ある．

　画像データの一般的な使い
方は，そこから，物体の形状
や人の体・顔を認識すること
である．そのために，さまざ
まな形状の抽出がもっとも重
要な処理となる．これは，画
像を白黒の二値画像にして，
輪郭を抽出し，そこから目的
の形状を探す方法が利用され
ている．

　この処理で正確なデータを
得るために，画像からノイズ
などのよけいなデータを取り
除く必要がある．そのために，
画像では周波数の形のデータ
がよく利用される．

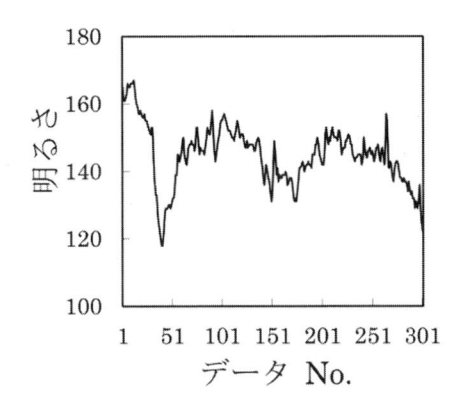

図8・9　画像データ

　画像データをDFFTにより，周波数データに変換する．このとき，画像は平
面の2次元データであるから，フーリエ変換も2次元DFFTとなる．2次元
DFFTやIDFFTの計算は，式(8・3)と(8・4)を2次元に拡張すればよいので，

つぎのようになる.

$$f(x,y) = \frac{1}{N_x}\frac{1}{N_y}\sum_{m=0}^{N_x-1}\sum_{n=0}^{N_y-1}F(m,n)\{\cos\frac{2\pi}{N}(mx+ny)+j\sin\frac{2\pi}{N}(mx+ny)\}$$

$$(x = 0,1,\cdots,N_x-1)\quad(y = 0,1,\cdots,N_y-1)\quad(8\cdot5)$$

$$F(m,n) = \sum_{x=0}^{N_x-1}\sum_{y=0}^{N_y-1}f(x,y)\{\cos\frac{2\pi}{N}(mx+ny)-j\sin\frac{2\pi}{N}(mx+ny)\}$$

$$(m = 0,1,\cdots,N_x-1)\quad(n = 0,1,\cdots,N_y-1)\quad(8\cdot6)$$

　例えば，**図8・10**は，ローパスフィルタ処理の様子であるが，フーリエ変換によって得られた，ω_1 と ω_2 平面の周波数データにおいて，グレーの部分のデータだけを採用し，残りの領域のデータをゼロとして，**IDFFT** で画面上のデータに戻すと，ノイズがカットされた画像として得ることができる．画像上では，ノイズとしての点々が除去されるが，物体の境界部分も削られるため，全体としてぼやけた画像になる．

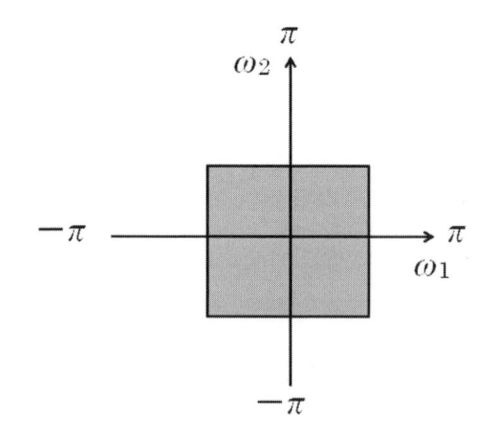

図8・10　画像の振幅特性例

　逆に，グレーの外側の部分を採用したとき，ハイパスフィルタ処理となる．この場合，画像は境界部分だけが残る形となるので，エッジの強調の効果が得られる．これにより，エッジ抽出をおこない，得られたエッジの図形データと，あらかじめ設定したモデルのテンプレート図形データとの差をとって誤差値を

求め，そこから類似度を推定するパターンマッチングにより，形状認識等をおこなっていく.

【EPISODE】

　ディジタル信号処理では，大量のデータを使い，多くの計算を短時間におこなう必要がある. そのため，音声処理や画像処理に対して，それぞれの計算をソフトウェアではなく，計算のプロセスを電子回路で実現した専用のプロセッサが開発され，実システムに組み込まれている.

演 習 問 題 8

【8・1】回転軸の振動をなるべく直接測りたい．回転軸がすべてカバーで覆われている機械と，回転軸がむき出しの部分がある機械では，それぞれどの型の振動センサを使うのが適切と考えられるか．

【8・2】ロボットの制御には，手先等の位置をコントロールする位置制御と，手先に働く力を制御する力制御がある．位置の信号に比べて力の信号の応答が速いので，位置制御では 8 [Hz]，力制御では 30 [Hz]の制御帯域を設定した．それぞれのサンプリング時間は少なくともどのくらい必要となるか．

【8・3】自動車の騒音対策には，どのような方法があるか調べてみよう．

【8・4】新幹線のホームや車内のアナウンスで使われている音声合成について，どのような方法によるものか調べてみよう．

【8・5】シンセサイザーのしくみについて調べてみよう．

【8・6】高周波のデータの多い静止画像と低周波の多い静止画像とでは，それぞれ像の輪郭にどのような特徴があると考えられるか．

参 考 文 献

ダイナミクス

（1）　後藤憲一・山本邦夫・神吉健：『詳解力学演習』　共立出版　（1971）

（2）　矢野健太郎・石原繁：『ベクトル解析』　裳華房　（1995）

（3）　リチャード・ポール：『ロボット・マニピュレータ』（邦訳：吉川恒夫）コロナ社　（1984）

（4）　小松督・福田靖・前田陽一郎・吉見卓：『基礎からのロボット工学』日新出版　（2015）

（5）　宮崎尚哉・徳田功：『機械力学の基礎』　数理工学社　（2017）

（6）　大貫義郎：『解析力学』　岩波書店　（1987）

振動学のより高度な専門書

（7）中川憲治・室津義定・岩壺卓三：『工業振動学』　森北出版　（1986）

（8）小寺忠・矢野澄雄：『演習で学ぶ機械力学』　森北出版　（1994）

（9）亘理厚：『機械振動』　丸善　（1966）

（10）谷口修：『振動工学』　コロナ社　（1957）

ディジタル信号処理

（11）電子情報通信学会：『ディジタル信号処理ハンドブック』　オーム社（1993）

（12）安居院猛・長尾智晴：『C言語による画像処理入門』　昭晃堂　（2000）

演 習 問 題 解 答

第 1 章 (p.17)

【1・1】極座標系，円筒座標系など

【1・2】

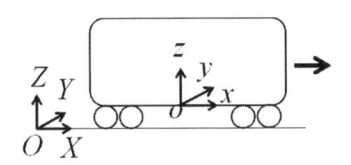

解図 1・1

【1・3】 V_h(人／地面)＝ 4 [km/h] ＋ 4 [km/h] ＝ 8 [km/h]より，右方向に 8 [km/h]で歩いている．

【1・4】落下速度 $v = -gt = -9.8$ [m/s²] × 3 [s]＝ − 29.4 [m/s]

　　　　落下距離 $L = -1/2 × gt^2 = -1/2 × 9.8$ [m/s²] × $(3$ [s]$)^2$

　　　　　　　　　　　$= -44.1$ [m]

【1・5】スタート時と踏み切り時で，力学的エネルギーが等しいから，

　　　　$mgh = 1/2mv^2$

　　　　よって，$v = \sqrt{2gh} = \sqrt{2 × 9.8\,[\,\mathrm{m/s^2}\,] × 40\,[\,\mathrm{m}\,]} = 28$ [m/s]

【1・6】踏み切り後は，水平方向には等速運動をおこなうので，

　　　　$x = vt = 28$ [m/s] × 4 [s] ＝ 112 [m]

【1・7】角運動量の保存則により，ヨーヨーを広げる前と後で，衛星の角運動量が同じであるから，

　　　　$I_{前} × \omega_{前} = I_{後} × \omega_{後}$

となる．したがって，

　　　　60 [kg·m²] × 12 [rad/s]＝ $I_{後}$ × 6 [rad/s]

より，$I_{後} = 120$ [kg·m²]と求まる．

第2章 (p.39)

【2・1】 $m\ddot{x} + (c_1 + c_2)\dot{x} + (k_1 + k_2)x = 0$

【2・2】 $m_1\ddot{x}_1 + c(\dot{x}_1 + \dot{x}_2) + k_1x_1 = 0$

$m_2\ddot{x}_2 + c(\dot{x}_2 - \dot{x}_1) + k_2x_2 = Q$

【2・3】 $m_1\ddot{x}_1 + c_2(\dot{x}_1 - \dot{x}_2) + k_1x_1 + k_2(x_1 - x_2) = 0$

$m_2\ddot{x}_2 + c_2(\dot{x}_2 - \dot{x}_1) + k_2(x_2 - x_1) + k_3(x_2 - x_3) = 0$

$m_3\ddot{x}_3 + c_3\dot{x}_3 + k_3(x_3 - x_2) = 0$

【2・4】 $m\ddot{x} + c_1\dot{x} + c_2\{\dot{x} + A\omega\sin(\omega t)\} + k_1x + k_2\{A\cos(\omega t)\} = 0$

【2・5】【2・1】 の解答と同じ **【2・6】【2・2】** の解答と同じ

【2・7】【2・3】 の解答と同じ **【2・8】【2・4】** の解答と同じ

【2・9】 一般化座標は θ であるが，手先の xy 座標を (x_T, y_T) として，この座標と θ の関係式を求めておく．一旦，xy 座標系で各エネルギーを求めてから，θ を使った式に変換するとわかりやすい．

$$mL^2\ddot{\theta} + mgL\sin\theta = T$$

第3章 (p.71)

【3・1】 (1) 2.39 [Hz] (2) 4.77 [Hz] (3) 94.2 [rad/s] (4) 188 [rad/s]

【3・2】 (1) 0.90 [s] (2) 0.45 [s] (3) 0.14 [s] (4) 0.071 [s]

【3・3】 36.5 [rad/s] 5.81 [Hz] 0.17 [s]

【3・4】 53.5 [rad/s] 8.51 [Hz] 0.12 [s]

【3・5】 509 [rad/s] 81 [Hz] 0.01 [s]

【3・6】 0.70 [rad/s] 0.11 [Hz] 8.98 [s]

【3・7】 $k < 98{,}696$ [N·m^{-1}]

【3・8】 $k < 2.47 \times 10^6$ [N·m^{-1}]

【3・9】 $k \geq 3{,}158$ [N·m^{-1}]

第4章 (p.95)

【4・1】

$$\omega_1 = \sqrt{\dfrac{A - \sqrt{A^2 - 4m_1 m_2 k_1 k_2}}{2m_1 m_2}}$$

$$\omega_2 = \sqrt{\dfrac{A + \sqrt{A^2 - 4m_1 m_2 k_1 k_2}}{2m_1 m_2}}$$

ただし, $A = m_1 k_1 + m_1 k_2 + m_2 k_1$

$$(u_1^{(i)}, u_2^{(i)}) = (1,\, r_i)$$

ただし,

$$\frac{u_2^{(i)}}{u_1^{(i)}} = \frac{k_1 - m_1 \omega_i^2}{k_1} = \frac{k_1}{k_1 + k_2 - m_2 \omega_i^2} = r_i$$

$$(i=1,2)$$

【4・2】

$$\omega_1 = \sqrt{\frac{(2 - \sqrt{2})k}{m}}$$

$$\omega_2 = \sqrt{\frac{2k}{m}}$$

$$\omega_1 = \sqrt{\frac{(2 + \sqrt{2})k}{m}}$$

$$(u_1^{(1)}, u_2^{(1)}, u_3^{(1)}) = (1, \sqrt{2}, 1)$$

$$(u_1^{(2)}, u_2^{(2)}, u_3^{(2)}) = (1, 0, -1)$$

$$(u_1^{(3)}, u_2^{(3)}, u_3^{(3)}) = (1, -\sqrt{2}, 1)$$

【4・3】

$$\omega_1 = 0 \quad (剛体モード)$$

$$\omega_2 = \sqrt{\frac{2k}{m}}$$

$$(u_1^{(2)}, u_2^{(2)}) = (1, -1)$$

【4・4】

$$\omega_1 = \sqrt{\frac{k}{m}}$$

$$\omega_2 = \sqrt{\frac{2k}{m}}$$

$$(u_1^{(1)}, u_2^{(1)}) = (1, -1)$$

$$(u_1^{(2)}, u_2^{(2)}) = (1, 1)$$

【4・5】

$$\omega_1 = 0 \quad (剛体モード)$$

$$\omega_2 = \sqrt{\frac{2k_r}{J}}$$

$$(u_1^{(2)}, u_2^{(2)}) = (1, -1)$$

【4・6】【4・1】のモデルを使って，

$$\omega_1 = 1.28\,[\,\mathrm{Hz}\,], \omega_2 = 13.7\,[\,\mathrm{Hz}\,]$$

$$(u_1^{(1)}, u_2^{(1)}) = (1, 0.3)$$

$$(u_1^{(2)}, u_2^{(2)}) = (1, -74)$$

【4・7】【4・5】のモデルを使って，

$$\omega_1 = 0\,[\,\mathrm{Hz}\,],\ \omega_2 = 7.12\,[\,\mathrm{Hz}\,]$$

【4・8】【4・3】のモデルを使って，

$$\omega_1 = 0[\,\mathrm{Hz}\,],\ \omega_2 = 4.21\,[\,\mathrm{Hz}\,]$$

【4・9】【4・3】のモデルを使って，

$$\omega_1 = 0\,[\,\mathrm{Hz}\,],\ \omega_2 = 0.318\,[\,\mathrm{Hz}\,]$$

【4・10】【4・1】のモデルを使って，

$$\omega_1 = 0\,[\,\mathrm{Hz}\,], \omega_2 = 1.30\,[\,\mathrm{Hz}\,]$$

第5章 (p.121)

【5・1】（振動数方程式）

$$\tan\kappa L - \tanh\kappa L = 0$$

（固有振動モード関数）

$$Y_n(x) = \cos\kappa_n L - \left(\frac{\cos\kappa_n L + \cosh\kappa_n L}{\sin\kappa_n L + \sinh\kappa_n L}\right)\sin\kappa_n L - \cosh\kappa_n L$$

$$+ \left(\frac{\cos\kappa_n L + \cosh\kappa_n L}{\sin\kappa_n L + \sinh\kappa_n L}\right)\sinh\kappa_n L$$

$$(n = 1, 2)$$

【5・2】 14. 2 [Hz]

【5・3】 両端自由の境界条件になるので，1. 11 [Hz]

【5・4】 固有振動モードにおいて，振動の節の部分に取り付けるのがよいので，$x = 22.4$ [m] と $x = 77.6$ [m] のところがよい.

【5・5】 両端単純支持の境界条件になるので 21. 7 [Hz]

【5・6】 $x = 0$ ではねじれ角がゼロ，$x = L$ では軸のねじりモーメントがゼロである. よって，振動数方程式は，$\cos\kappa L = 0$，固有振動モード関数は，

$Y_n(x) = \sin\kappa_n L$，ただし，$\kappa_n = \omega_n/c$ である.

【5・7】 $x = L$ ではりのせん断力とばね力が釣り合うから，境界条件は，

$$y|_{x=0} = 0, \qquad \left.\frac{\partial^3 y}{\partial x^3}\right|_{x=L} = -ky$$

第6章 (p.135)

【6・1】 飛行中の突風はインパルス励振，滑走路に接地するときの衝撃はステップ励振と考えられる.

【6・2】 体重分の重力が励振力となっていて，急いで乗り降りするときはステップ励振，ゆっくり乗り降りするときはランプ励振と考えられる.

【6・3】 $c < 8$

【6・4】 特性根は$\pm\sqrt{g/L}$であるから，実部に正があるので不安定

【6・5】 解答略

第7章 (p.145)

【7・1】 系のモデルのばね定数 k_b は式 (3・14) である．よって，

$$\omega_n = \sqrt{\frac{3EI}{m\ell^3}}$$

【7・2】 断面二次モーメント $I = 4.9 \times 10^{-6}\,[\,\mathrm{m}^4\,]$ であるから，$\omega_n = 2{,}201\,[\,\mathrm{rad/s}\,]$

【7・3】 20 [g] のおもりを $(-10, 0)$ の座標位置に取り付ける．

【7・4】 11.3 [g] のおもりを $(-7.07, -7.07)$ の座標位置に取り付ける．

第8章 (p.160)

【8・1】 すべてカバーで覆われている場合は接触型，むき出し部がある場合は非接触型

【8・2】 シャノンの定理より，位置制御は 62.5 [msec]，力制御は 16.7 [msec]

【8・3】 解答略　　【8・4】 解答略　　【8・5】 解答略

【8・6】 高周波の場合は輪郭が強調された像で，低周波は輪郭をぼやかした像

索　引

ヤ　行

ラ　行

マ　行

著 者 略 歴

小松 督（こまつ ただし）

1983（昭和58）年大阪大学大学院基礎工学研究科（物理系専攻 修士課程）修了.1983（昭和58）年（株）東芝総合研究所.1994（平成6）年関東学院大学工学部機械工学科助教授,2002（平成14）年同大学教授となり,現在に至る.その間,1999（平成11）年4月から2000（平成12）年3月まで,カナダ・ブリティッシュコロンビア大学の客員研究員,2005（平成17）年から,関東学院大学工学総合研究所の所長を兼務,2013（平成25）年から2017（平成29）年まで,関東学院大学副学長,博士（工学）.専門は機械力学とロボット工学.

機械システムの **運動・振動入門** （実用理工学入門講座）

2018年10月10日	初版印刷
2018年10月30日	初版発行

© 著 者 小 松 督

発行者 小 川 浩 志

発行所 **日新出版株式会社**
東京都世田谷区深沢5−2−20
TEL（03）3701-4112・（03）3703-0105
FAX（03）3703-0106
振替 00100-0-6044 郵便番号 158-0081

ISBN978-4-8173-0257-1

2018 Printed in Japan

印刷・製本 日商印刷（株）